U0162280

配电网新型接地技术
及故障处理

主　编	冯　光			
副主编	周　宁	姚德贵	马建伟	
参　编	王　鹏	徐铭铭	李献伟	郝建国	郭祥富
	王　磊	陈　明	贺　翔	刘　昊	孙　芊
	赵　健	李宗峰	王　倩	徐恒博	牛荣泽
	张建宾	谢芮芮	张　凯	杨兴武	韦延方
	贺子鸣	季　亮	王晓卫	肖凤女	董　轩
	张金帅	郭剑黎	彭　磊	张　卓	李丰君
	尚博文	李冠华	曾志辉	王震宇	白银浩
	周少珍	吴明孝	刘富荣	王黎炜	刘旭贺
	巴　旺	姬厚家	黄　伟	邹会权	曹　明
	苏　悦				

中国电力出版社
CHINA ELECTRIC POWER PRESS

内 容 提 要

我国配电网络范围广、线路数量庞大。当线路发生接地故障时，应迅速检查并切除故障，快速恢复供电，保障供电可靠性。本书总结最新的科研技术成果及工程实践，内容包括配电网接地系统概述、配电网接地方式及适应性、配电网新型接地技术、配电网传统接地方式故障处理、配电网柔性接地方式故障处理、国内接地故障处理案例等。

本书适合从事配电网及其自动化领域科研、设计、生产、运行和管理的工程技术人员和管理人员阅读，也可作为电气工程专业研究生和高年级本科生的教材或教学参考书。

图书在版编目（CIP）数据

配电网新型接地技术及故障处理/冯光主编 . —北京：中国电力出版社，2023.6
ISBN 978-7-5198-6897-0

Ⅰ.①配… Ⅱ.①冯… Ⅲ.①配电系统—接地保护—故障修复 Ⅳ.①TM727

中国版本图书馆 CIP 数据核字（2022）第 116676 号

出版发行：中国电力出版社
地　　址：北京市东城区北京站西街 19 号（邮政编码 100005）
网　　址：http://www.cepp.sgcc.com.cn
责任编辑：崔素媛（010—63412392）
责任校对：黄　蓓　王海南
装帧设计：郝晓燕
责任印制：杨晓东

印　　刷：固安县铭成印刷有限公司
版　　次：2023 年 6 月第一版
印　　次：2023 年 6 月北京第一次印刷
开　　本：710 毫米×1000 毫米　特 16 开本
印　　张：12.25
字　　数：211 千字
定　　价：58.00 元

前　言

我国的电力系统主要由发电系统、输电系统和配电系统三大部分组成。配电系统作为整个电力系统的终端环节，与用户的关系非常密切，其可靠运行对用电负荷起着至关重要的作用。随着我国经济和社会的向前发展，广大用户对电网的供电可靠性要求也有显著的提高。为了适应这个新的要求，对配电网的相关问题进行深入而全面的分析和研究显得尤为重要。在我国，配电网络的辐射范围较广，线路数量也非常庞大。当线路发生接地故障时，能够快速地检查、切除故障，并快速地恢复供电，对保障供电可靠性起到了举足轻重的作用，从而满足了用户的供电需求。

近年来，围绕配电网新型接地技术和故障处理，本书作者团队投入了大量精力潜心研究，结合最新的科研技术及工程实践，将大量研究成果凝练在本书中，希望分享给广大读者。

全书共分为 6 章。第 1 章介绍了国内外配电网接地系统的发展历程与接地系统的分类，对我国配电网接地系统的现状进行分析并对接地系统的未来发展进行展望；第 2 章对中性点不接地方式、经消弧线圈接地方式、经低电阻接地方式等进行分析，指出中性点接地方式的选择应根据配电网电容电流，统筹考虑负荷特点、设备绝缘水平，以及电缆化率、地理环境、线路故障特性等因素，并充分考虑电网发展，以避免或减少未来改造工程量；第 3 章详细叙述了配电网柔性接地技术、配电网动态接地技术、配电网主动干预型消弧装置接地运行方式等新型接地技术的原理和结构；第 4 章从配电网单相接地故障选线技术、故障定位技术以及故障处理技术评价这些方面，围绕配电网单相接地故障的定位和处理，提出了一些故障处理的技术观点和实现方法，为解决单相接地故障这一难题提供有价值的解决方案；第 5 章从配电网柔性接地的控制技术、柔性接地方式下的故障特征、基于柔性接地的故障选线技术和基于柔性接地的故障定位技术四个方面详细介绍配电网柔性接地方式故障处理，在合理的故障选线与判断的基础上，根据故障特征信息，通过投切装置控制柔性接地方式的工作状态，从而灵活应对可能出现的故障，配合继电保护装置保障配电网络安全稳定的运行；第 6 章则列举了国内典型中性点接地方式下的实际案例，并给出了具体的录波波形，对于故障分析可以起到很好的帮助作用，有助于预防类似事故的发生。

由于作者水平有限，疏漏在所难免，书中不妥之处敬请广大读者批评指正。

编者

2022 年 4 月

目　录

1 配电网接地系统概述

在我国，110kV 及以上的电压等级系统主要采用中性点有效接地方式，属于大电流接地系统；110kV 以下的电压等级系统主要采用中性点非有效接地方式，属于小电流接地系统。我国中低压配电网常用的中性点接地方式包括中性点不接地、中性点经消弧线圈接地和中性点经小电阻接地，也存在着中性点经高阻接地等特殊选择。最常见的中性点不接地运行方式，有着简单、经济的优点，在对地电容电流较小时可以快速抑制间歇性接地电弧，且不影响变压器三相绕组的对称性，保持线电压稳定，使得配电系统维持较高的供电可靠性。但由于电力建设的飞速发展，社会对供电要求逐步增高，配电网对地电容电流随线路规模的扩大不断增大。超过 10A 的单相接地电容电流，往往会造成电弧无法彻底熄灭，易造成较大且持续时间长的过电压波动，可能演变为严重故障。

接地方式的选择受多种因素的影响，是一个复杂的综合性问题。关于具体要求，Q/GDW 156—2006《城市电力网规划设计导则》进行了如下几方面的规定：

（1）应尽量保证供电持续性，提高供电可靠性；

（2）当系统发生单相接地故障时，非接地相相电压应尽可能小，以免击穿电力设备；

（3）当系统发生单相接地故障时，故障电流不应对通信线路产生干扰；

（4）当系统发生单相接地故障时，电压和电流的变化不应破坏电力设备的继电保护装置，应保证继电保护装置能够正确动作；

（5）提供中性点的接地变压器或者接地电阻，应具有足够的动、热稳定性。

根据上述要求，选择中性点接地方式时必须满足考虑以下因素：

（1）保证供电可靠性和电网运行安全稳定；

（2）当电网运行方式发生改变时，能够不影响稳定供电；

（3）当系统发生单相接地故障后，无论故障相还是非故障相，给用户带来的危害最低；

（4）继电保护装置能够准确动作；

（5）对通信设备不构成干扰。

随着城镇化水平的不断提升，城市配电网结构也在发生巨大变化。电缆线路的大量使用，增加了系统的电容电流，对系统中性点接地方式的选择提出了更高的要求。

1.1 接地系统发展历程及现状

1.1.1 国外研究历程

配电网接地方式的选择在世界各国是一个很有争议的热点问题，为了减轻单相接地故障造成的危害，各国采用了不同的方法。20世纪50年代前后，各国配电网中性点大都采用不接地或经消弧线圈接地方式，到60年代以后，一些国家采用直接接地和低电阻接地方式，一些国家采用经消弧线圈接地方式。现阶段，欧洲各国在用的中性点接地方式具体介绍如下：

（1）丹麦：超过90%的配电网由电缆构成，采用中性点经消弧线圈接地方式。接地故障发生后，供电线路"持续运行"，供电可靠性水平在欧洲相对较高。

（2）德国：消弧线圈技术的发源地，主要采用消弧线圈接地，技术先进，应用经验丰富。以架空线为主的中压配电网采用中性点经消弧线圈接地方式，在发生间歇性或者持续性接地故障时，线路"持续运行"几十分钟到几个小时，在一些配电网中会换用中性点短时经低电阻接地方式来查找并切除故障线路。对于城市电缆网采用中性点经低电阻接地方式，个别配电网采用中性点不接地方式。

（3）法国：早期为低电阻接地方式，后来为保障供电可靠性，以及自动调谐消弧线圈技术的发展，从80年代末期开始将架空线网络改为消弧线圈接地，而城市电缆网络仍为低电阻接地。

（4）意大利：早期为不接地系统，采用在母线处故障相直接接地的方式处理单相接地故障。从2000年开始逐步改为自动调谐消弧线圈接地方式。

（5）奥地利：30kV电网使用中性点经消弧线圈接地方式。80%的20kV电网使用中性点经消弧线圈接地方式，主要城市的电缆网采用中性点经低电阻接

地方式。在 10kV 电网中含有各种典型中性点接地方式。

（6）瑞士：包含经消弧线圈接地、不接地、低电阻接地等典型接地方式。其中，约 60% 的中压配电网使用中性点经消弧线圈接地方式。

（7）荷兰：配电网大部分为电缆线路，包含经消弧线圈接地、不接地、低电阻接地等典型接地方式。

（8）比利时：配电网大部分为电缆电路，主要采用中性点经低电阻接地方式。

（9）西班牙：主要采用中性点经低电阻接地方式，且最大单相短路电流限制在 500A 以内。部分配电网采用中性点经消弧线圈接地方式，并对电弧不能自熄故障采用"立即切除"手段。

（10）葡萄牙：主要采用中性点经低电阻接地方式并且配备中性点电抗。10kV 配电网主要为电缆，15kV 和 30kV 配电网主要为架空线。由于历史原因，存在少量中性点不接地方式，将逐步改为中性点经低电阻接地方式。

（11）英国：66kV 及以下的配电网中性点主要采用经低电阻接地方式，部分 33kV 及以下由架空线路组成的配电网改为经消弧线圈接地。

（12）爱尔兰：30kV 网络主要采用中性点经消弧线圈接地方式，其他电压等级的中压网采用中性点直接接地方式。

（13）瑞典、挪威、芬兰：大多数配电网采用中性点不接地方式；或者采用中性点经消弧线圈接地方式，并对电弧不能自熄故障采用"立即切除"手段。对于架空线网部分采用重合闸，在个别情况，接地电流通过消弧线圈补偿。

（14）爱沙尼亚、拉脱维亚、立陶宛：以架空线为主的中压配电网采用中性点经消弧线圈接地方式，而电缆网采用中性点经低电阻接地方式。

（15）波兰：部分配电网采用中性点经低电阻接地方式，另一部分配电网采用中性点经消弧线圈接地方式，并对电弧不能自熄故障采用"立即切除"手段。个别配电网采用中性点短时经低电阻接地方式来查找故障并切除故障线路。

（16）俄罗斯：配电网采用中性点经消弧线圈接地方式，并对电弧不能自熄故障采用"立即切除"手段，故障持续时间最大为 3s。

（17）捷克、斯洛伐克：22kV 和 35kV 配电网主要为电缆，采用中性点短时经低电阻接地方式来切除故障；以架空线为主的配电网采用中性点经消弧线圈接地方式，并对电弧不能自熄故障采用选择"持续运行"手段；以电缆为主的 6kV 和 10kV 配电网,采用中性点经低电阻接地方式。

(18) 匈牙利:10kV 电网主要为电缆,采用中性点经低电阻接地方式。20kV 和 35kV 以架空线路为主,主要采用中性点经消弧线圈接地方式,并对电弧不能自熄故障采用"立即切除"手段。

(19) 罗马尼亚:中压配电网主要采用中性点经消弧线圈接地方式。

(20) 保加利亚:架空线网采用中性点经消弧线圈接地方式、中性点经消弧线圈并低电阻接地方式。电缆网采用中性点经低电阻接地方式,架空一电缆混合线路(电缆线路长度比例大于 40% 总线路长度)采用中性点经低电阻接地方式,架空一电缆混合网(电缆网长度比例小于 40% 总线路长度)采用中性点经消弧线圈并低电阻接地方式。中性点经低电阻接地方式,中性点电阻为 40Ω 且最大短路电流限制在 300A 以内。

(21) 希腊:中压配电网以架空线为主,6kV 和 6.6kV 电网采用中性点不接地方式。15kV 和 20kV 电网采用中性点经消弧线圈接地方式,并对电弧不能自熄故障采用"立即切除"手段。

(22) 土耳其:6.3kV 和 10kV 电网以电缆为主,采用中性点经低电阻接地方式及中性点经消弧线圈接地方式,并对电弧不能自熄故障采用"立即切除"手段。在 34.5kV 电网中大部分为架空线,采用中性点经消弧线圈接地方式,并对电弧不能自熄故障采用"立即切除"手段。

(23) 克罗地亚:10kV 电网采用中性点不接地方式,20kV、30kV 和 35kV 采用中性点经低电阻接地方式。

(24) 塞尔维亚、黑山:在 10kV 电网中大部分为架空线,采用中性点不接地方式,20kV 电网采用中性点经低电阻接地方式,35kV 采用中性点短时经低电阻接地方式。

(25) 马其顿:在 35kV 电网中大部分为架空线,采用中性点不接地方式,20kV 电网采用中性点不接地方式或中性点经低电阻接地方式,10kV 采用中性点不接地方式。

(26) 斯洛文尼亚:10kV 和 20kV 电网主要采用中性点经低电阻接地方式。

(27) 波斯尼亚、赫塞哥维纳:10kV 和 20kV 电网主要采用中性点经低电阻接地方式,少部分 35kV 架空线网采用中性点不接地方式。

表 1-1 列出了一些主要国家配电网的中性点接地方式。

表 1-1	主要国家配电网的中性点接地方式
国家	中性点接地方式
中国	不接地，经消弧线圈接地，经低电阻接地
美国	直接接地为主，少量经消弧线圈和低电阻接地
新加坡、韩国、比利时	经低电阻接地
日本	不接地，经消弧线圈与低电阻接地并存
英国	66kV 以经低电阻接地方式为主，部分 33kV 正在改经消弧线圈接地
意大利	早期不接地（采用故障相母线接地方式），逐步改造为经消弧线圈接地
德国	全部采用经消弧线圈接地
法国	早期为经低电阻接地，1989 年在架空线为主的网络开始改为经消弧线圈接地，但城市电缆网仍为经低电阻接地

1.1.2 国内研究历程

新中国成立初期至 20 世纪 80 年代，3～66kV 配电网中性点主要采用不接地或经消弧线圈接地方式。20 世纪 80 年代中期，电容电流增大明显，接地方式分化为两条路线。广州市直接将不接地系统改为经低电阻接地；除此之外，大部分地区继续沿袭经消弧线圈接地的方式，并开始采用自动跟踪补偿消弧线圈替代原有的固定补偿消弧线圈。20 世纪 90 年代中期以来，随着电容电流的急剧增大，越来越多的城市开始尝试采用低电阻接地系统。北京、上海、广州、深圳等一线城市均以经低电阻接地方式为主。此外，天津、南京、无锡、郑州等地也在城区电缆化程度较高的区域推行经低电阻接地方式的改造。

受历史因素、发展现状共同影响，我国中压配电网主要采用中性点不接地、经消弧线圈接地、经低电阻接地、经消弧线圈并联电阻接地等接地方式。据不完全统计，国家电网有限公司中性点不接地方式占比最高，约占 65％，是中压配电网主要接地方式，我国很多城市郊区和农村的配电网仍采用这种方式；消弧线圈接地方式占比约 30％，是中性点运行方式技术改造的主要推荐模式；低电阻接地方式占比相对较小，不足 5％，主要分布在上海、天津、北京、江苏、浙江等相对发达地区。南方电网有限责任公司中性点接地方式主要包含低电阻接地方式、消弧线圈并低电阻接地方式以及不接地方式。据不完全统计，经低电阻接地方式占比约 30％；经消弧线圈并联低电阻接地方式占比约 60％；不接地系统占比相对较小，约为 10％。

除上述典型中性点接地方式以外，为降低单相接地故障停电隐患、减少人身伤亡事故、防范电气火灾，电网企业不断进行新技术的研究及尝试，开展了动态接地、主动干预型消弧装置接地、柔性接地补偿装置接地等多种新型接地方式的试点工作。相关技术也逐渐成为我国中压配电网中性点接地技术的重要组成部分。

1.1.3 接地故障处理的研究现状

1. 小电流接地系统故障处理发展现状

小电流接地系统包含中性点不接地和经消弧线圈接地，其具有接地故障场景多样、复杂性高、故障特征微弱等特点，一直是配电网接地故障处理的关键性难题。小电流接地系统中压线路发生单相接地故障后，按"瞬时性故障安全消弧、永久性故障快速隔离"原则进行处理。

近年来，国内在单相接地故障处理领域取得了长足的进步，自动跟踪型消弧线圈已经广泛应用；零序功率法、首半波法、参数辨识法、相电流突变法等单相接地故障检测技术已经成熟；具有较高测量精度的一二次融合智能配电开关已经产品化；具有单相接地跳闸功能的用户分界开关已经大量部署，这些成果为提升小电流接地系统单相接地故障处理能力奠定了坚实的基础。

但是一些应用单位的单相接地故障处理效果仍不理想，如单相接地故障没有被及时发现或处置而引起电缆沟着火，导致长时间大面积停电的恶性事件仍有发生。经专家学者研究分析，主要原因包含：

（1）认识原因。小电流接地系统单相接地故障场景复杂，许多电力工作者对这方面的知识掌握不够深入，没有认识到单相接地故障处理是一个系统工程，甚至存在一些错误认识。认识原因导致资源配置不到位或配置不合适，是造成单相接地故障处理效果不理想的最根本原因。

（2）技术原因。所应用的故障处理技术不适应现场接地方式；方法适用，但是缺乏现场调试，无法发挥应有作用；一些装置的可靠性不够高；一些装置在入网前没有经过真实故障环境检测，现场应用往往缺乏监测及对比手段，使得应用效果难以得到有效评价，不能促进技术更新迭代。随着科学技术的不断进步和在实践中的反复完善，技术上的问题正在被逐步解决。

（3）管理原因。管理界限不清、管理手段及人员无法匹配现场需求等原因都会制约相关技术的应用成效，只有加强管理，才能充分发挥出所配置资源的作用。

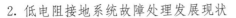

2. 低电阻接地系统故障处理发展现状

在经低电阻接地运行方式下，当发生单相接地故障时，非故障相电压升幅较小，能将单相接地过电压抑制在 2.5 倍相电压以下，又因单相故障电流大，易于辨识，采用零序保护设备可迅速跳闸。

因此其优点表现为：一是易于实现接地故障的迅速隔离；二是由于实现了单相接地故障的迅速切除，极大降低了人身触电的可能性；三是在系统电容电流增大时，一般不需要对接地装置进行扩容改造。

由于单相接地故障电流大，经低电阻接地方式不能带故障运行，对瞬时故障也需要迅速跳闸。因此，在瞬时接地故障较多的配电网采用该运行方式，会增大跳闸率。在绝缘化率高的配电网，特别是以电缆为主的配电网，其单相接地故障主要是永久性故障，瞬时故障较少，在这类电网中采用该运行方式，则不会明显增大跳闸率。

为提升低电阻接地系统供电可靠性，减少由于瞬时性故障造成线路频繁跳闸次数，电网公司积极探讨低电阻并联消弧线圈的接地运行方式。故障前，系统为经消弧线圈接地方式，低电阻未投入运行；故障时，首先通过消弧线圈抑制接地故障电流，帮助瞬时性接地故障电弧自熄；如果故障持续一定时间（通常为 10s 内）后并未消除，低电阻投入运行，使故障线路断路器跳闸。这一工作方式不仅改善了经消弧线圈接地方式难以应对电缆发生永久性接地故障时无法有效熄弧的问题，同时降低了低电阻接地系统瞬时性接地故障造成频繁跳闸的概率，取得了较好的应用效果。

1.2 接地系统分类

配电网中性点接地方式的选择，一直以来在电力系统中占据重要位置，也一直是各国各地区电网建设和运行的难点，不仅需要考虑当地区域特点、区域负荷情况，还需考虑对电网运行方式的影响，对供电可靠性、设备绝缘水平、继电保护配置及人身安全等方面的影响。电力系统主要有中性点接地和不接地两种方式，而中性点接地又可分为直接接地、经消弧线圈接地和经低电阻接地三种方式。

1.2.1 中性点不接地方式

中性点不接地方式系统结构简单，设备投资少，是早期配电网广泛采用的运行方式，我国现在很多城市郊区和农村的配电网仍采用这种运行方式。正常运行时，三相电压对称，中性点对地电压为零；发生单相接地故障时，流过故障点的电流仅为配电网对地电容电流，保护不跳闸，而且系统线电压保持不变，不影响负荷正常工作。之前为保障供电可靠性，允许系统带故障运行1~2h。目前，为保障人身与设备安全，故障处置原则已经修改为尽快隔离故障。

中性点不接地方式一般适用于结构简单、只有架空线路且线路不太长的配电网络，当发生单相弧光接地故障时，由于系统电容电流较小，接地电弧可自行熄灭。但是现在城市电网发展为逐渐使用电缆线路替代架空线路，这样就导致系统对地电容电流越来越大，当电容电流大于10A时，接地故障电弧不能可靠熄灭，而是反复熄灭和重燃，产生间歇性弧光接地过电压，其幅值可达3.5倍相电压，威胁设备安全运行。而且，弧光接地故障容易导致电压互感器发生铁磁谐振，产生谐振过电压，幅值可能更高，且持续时间长，使互感器因过热而损坏。

GB/T 50064—2014《交流电气装置的过电压保护和绝缘配合设计规范》中推荐，配电系统在电容电流小于10A时可采用中性点不接地运行方式，我国早期配电网多采用中性点不接地运行方式。伴随着配电网规模逐渐增加、电缆线路大量应用，系统电容电流增加显著，目前，很多城市配电网正在逐渐改造原有中性点不接地方式，以满足电网发展需求。

1.2.2　中性点经消弧线圈接地方式

中性点经消弧线圈接地方式，也称为谐振接地方式，是配电网中使用最为普遍的运行方式。消弧线圈可以在配电系统发生单相接地故障时提供感性电流，以补偿系统对地电容电流，使故障点残流减小，接地电弧能够自行熄灭，避免产生间歇性弧光接地过电压。消弧线圈发展至今，大量的运行经验表明采用谐振接地方式后配电网的供电质量有显著提高，英国、意大利等国家曾有研究报告指出，将中压电网由不接地改为经消弧线圈接地方式后系统短时停电次数减少50%以上，长时停电次数减少10%以上。

早期的消弧线圈是带分接头的电感线圈，需要离线手动调节，逐渐不能满足运行需要经常改变的配电网，随后出现了多种应用不同原理实现自动调节的消弧线圈，按照跟踪调节的模式不同可分为预调式和随调式两种。另外，消弧线圈还可分为无源式和有源式两种。

采用中性点经消弧线圈接地方式的配电网故障选线准确率低的问题一直存

在，虽然有很多新型的选线原理相继出现，但是实际运行效果均不太理想。因此，一些学者提出采用经消弧线圈并联电阻的接地方式，即将经消弧线圈接地方式与经低电阻接地方式结合起来，也称为灵活接地方式。当配电系统发生单相接地故障后，若消弧线圈经过一段时间的补偿后仍不能消除接地故障，再投入一与消弧线圈并联的电阻，通过增大零序电流中的阻性分量帮助对接地故障线路作出判别。

中性点经消弧线圈接地方式是我国城市配电网中使用最为广泛的运行方式，但是随着城市配电网中电缆线路的大量使用，对地电容电流大幅度升高，一些地区故障电流已经超过了消弧线圈的最大补偿量，导致补偿后残流仍然很大。有文献表示，当故障电流超过 200A 时，消弧线圈将难以补偿。而且电缆线路的绝缘水平较低，在间歇性弧光接地过电压的作用下很容易造成绝缘击穿，从而引发更为严重的相间短路故障，也有文献指出某市 10kV 线路全年相间短路故障占总故障的 70%，其中大部分是由单相故障发展形成的。因此，在城市电网发展的同时，必须对经消弧线圈接地方式存在的问题予以解决。

中性点经消弧线圈接地方式的应用仍存在一些瓶颈。消弧线圈接地方式应对瞬时性接地故障有良好的应用效果，是我国主要使用及推荐的接地方式，尤其适用于架空线路含量较多的中小型城镇及农村地区，是保障系统安全运行的有效方式。但是对于电缆线路，发生瞬时性故障的概率较架空线路小得多，一旦发生故障，大多为永久性故障，且电缆绝缘为非自恢复绝缘，仅使用消弧线圈无法保证故障电弧有效熄灭，所以以电缆为主的电网不宜较长时间带故障运行，可能造成故障范围扩大。其次，消弧线圈存在补偿容量瓶颈，城镇电缆化率的不断提升，使系统电容电流不断增加，超过 200A 的母线已经非常普遍，高的已经达到 600A 以上，单台消弧线圈容量已经无法满足使用需求，通常要采用多台并联补偿的工作模式。多台并联补偿时存在电容电流计算精度低、挡位设置不合理、管理水平跟不上等多方面问题，使得残流很难限制在 10A 以内，降低了设备的应用效果。再者，消弧线圈存在残流补偿瓶颈，伴随着补偿容量的提升，很难既满足脱谐度要求在故障恢复时将零序电压幅值限制在要求范围，又满足在故障时将故障残流限制在 10A 以内。同时，消弧线圈应用存在一定的谐波电流与阻性电流（通常占比 5%～10%），会增加接地故障残流幅值，加重上述问题，降低电弧自熄概率。最后，消弧线圈通常属于免维护设备，但是管理水平需要进一步提高。现场应用存在补偿容量不足不能及时改造、运行状态异常无法及时发现、调试缺乏不能有效投运等问题。

1.2.3 中性点经低电阻接地方式

中性点经低电阻接地方式，即小电阻接地方式，是应用最广泛的阻性接地方式，其主要优点是过电压水平低，可以选用绝缘水平较低的电气设备；但是由于接地电流较大，大电流电弧有可能烧毁电缆并波及相邻电缆线路，而且地电位的升高也会对人身安全造成威胁，因此，必须配合继电保护装置断开故障线路，不过较大的接地故障电流也使得选出故障线路的准确率较高。

采用中性点经低电阻接地方式的前提是配电网供电能力较强，而且断路器持续工作能力较强，系统保护装置能够根据监测到的实时故障电流，快速切除配电系统中的接地故障线路。在电网结构比较完善的欧美国家，配电网一般配备有多条备用线路，因而多采用中性点经低电阻接地，配合快速继电保护装置，瞬间跳开故障线路，投入备用线路，并不影响电网供电的可靠性。而我国电网尚不十分完善，配有多条备用线路的配电网较少，一般只集中于局部大城市，由于绝缘水平较低的电缆线路大量使用，为了降低过电压水平，减小相间故障的可能性，可采用低电阻接地方式。同时，电缆线路发生单相接地故障时，一般为破坏性故障，瞬间跳开故障线路更有利于设备安全。

相关运行经验表明，中性点经低电阻接地的运行方式并不适用于所有的城市配电网。有文献统计数据显示，深圳电网 10kV 系统经过低电阻接地方式改造后，虽然有效防止了非瞬时单相接地故障发展成相间短路故障，但是同时也大大增加了瞬时故障的线路跳闸率，一定程度上降低了供电可靠性。也有文献指出，当发生高阻接地故障时，中性点低电阻接地方式不能保证正确选出故障线路，从而容易引发触电事故。然而，对于一些电缆化率比较高、实现配电自动化的城市，例如北京、上海等，进行中性点低电阻接地改造还是非常必要的。

中性点接地电阻值的选取必须考虑多个因素，通常是按照过电压倍数的限制选取，然后按照继电保护灵敏度、通信干扰以及跨步电压和接触电压等因素进行校验。例如，国网天津电力公司在 2004 年对 35kV 和 10kV 配电网进行低电阻接地系统改造时给出接地电阻的推荐值：35kV 系统选取 16.5Ω，10kV 系统选取 10Ω。

低电阻接地系统的接地故障电流一般高达数百安甚至上千安，会给电力系统带来下列问题：第一，过大故障电流容易扩大事故，即当电缆发生单相接地故障时，强烈的电弧会危及相邻电缆及其他设施；第二，数百安的接地电流会引起地电位的升高，大大超过了安全的允许值，会给低压设备、通信线路、电子设备和人身安全带来危害，需要对线路及设备接地点进行改造，但是改造难度巨大；第三，故障时低电阻流过的电流过大，瞬时性故障或者重复多发性故障可能造成低电阻过热损坏；最后，因为有低电阻钳位，对经过渡阻抗接地故障的识别灵敏度低，当接地阻抗超过 150Ω 时，故障特征非常微弱，无法作用零序保护动作，存在故障扩大风险。

1.2.4 其他新型接地运行方式

1. 新型中性点柔性接地技术

消弧线圈在发生单相接地故障时，会产生一个与电网电容电流方向相反的电流以将其抵消或者削弱，以使接地点的电流降低。从补偿的最基本处入手，如果能找到一种电气装置实现消弧线圈的这种功能，就可以用它来代替消弧线圈。有源滤波装置通过在电网中注入与指定次数的谐波大小相同、相位互差 180° 的波形来达到消除谐波的目的。在电网的中性点与大地之间首先接入一个接地变压器，在接地变压器的二次侧接入一个单相桥式逆变器，用逆变器来发出与电容电流相位相反的电流，从而代替消弧线圈。因在中性点接地方式中使用电力电子技术，实现了补偿电流的无极调节，这种接地方式称为柔性接地方式。

当电网出现单相接地故障时，接地电流各分量按含量大小依次为工频容性、谐波和有功电流。柔性接地运行方式下，消弧线圈安装在配电网中性点和地之间，作为主补偿对工频容性电流进行补偿；逆变器经过变压器升压后连接入配电网中性点和地之间，作为辅助消弧对残余接地电流进行有源补偿，在有效减小有源补偿装置容量和成本基础上实现接地电流接近零，其结构如图 1-1 所示。其原理是，在有源补偿前期，电力电子有源装置向配电网注入一个特定电流信号，根据谐振原理测量配电网的对地参数，计算有源注入补偿电流；最后，当配电网出现单相接地时，控制有源注入式消弧系统使接地电流接近零，使电弧可靠熄灭。

新型中性点柔性接地技术是在传统接地方式的基础上，综合了消弧线圈与低电阻接地的特点，在合理的故障选线与判断的基础上，根据故障特征信息，通过投切装置控制柔性接地方式的工作状态，从而灵活应对可能出现的故障，

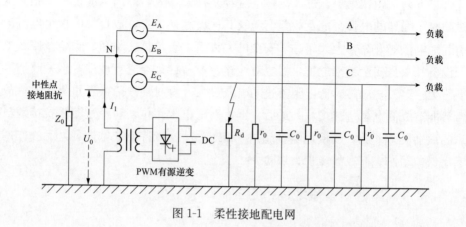

图 1-1　柔性接地配电网

配合继电保护装置保障配电网络安全稳定运行，其系统结构如图 1-2 所示。

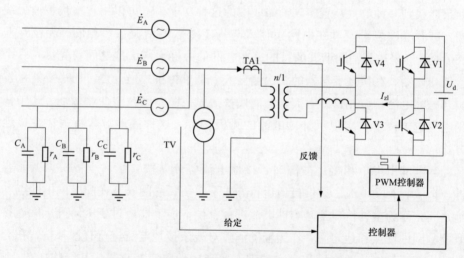

图 1-2　新型柔性补偿装置接地系统一次结构图

对比架空线路经消弧线圈接地系统和纯电缆线路经低电阻接地系统，柔性接地系统对故障点冲击电流的抑制有明显的优势，通过低电阻投切配合消弧线圈补偿系统，降低故障相电压恢复速度，故障过电压抑制水平强于消弧线圈接地方式。而当发生单相接地故障时，由于柔性接地系统在故障判别配合继电保护装置动作后投入了选线电阻，其抑制过电压的能力没有经低电阻接地方式好。因此，柔性接地系统达到了同时兼顾降低故障冲击电流和抑制故障过电压的效果，相比经消弧线圈接地与经低电阻接地有着明显的优势。

2. 中性点动态接地技术

配电网中性点动态接地原理图如图 1-3 所示，不仅有经消弧线圈接地方式及经低电阻接地方式的优点，还能灵活避免其存在的问题。一方面，该装置在配电网发生单相瞬时性接地故障时，能对故障性质进行智能判断，迅速消除瞬时性故障，使故障点的绝缘水平恢复正常，提高供电可靠性；另一方面，在发生永久性单相接地故障时，该装置能够灵活变化，准确选线和处理故障，跳开故障线路，确保设备和人身安全，解决经消弧线圈接地方式与经低电阻接地方式存在的不足。

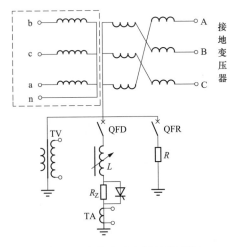

图 1-3　中性点动态接地原理图

3. 主动干预型消弧装置接地运行方式

主动干预型消弧装置提供了一种新的接地运行手段。在配电网发生单相弧光接地故障时，通过在母线处投入故障相接地开关，旁路线路中的实际接地故障点，将弧光接地故障转化为金属性接地故障，实现接地故障从线路到母线处的转移，钳制故障点电压、降低故障点电流，从而阻止故障点电弧重燃以及弧光过电压的产生。

主动干预型消弧装置经过发展和不断完善，近年来在全国范围内进行了大量试点应用，形成了多种不同结构与性能特点的技术路线。

（1）具备错相纠错功能的主动干预型消弧装置，拓扑结构如图 1-4 所示。

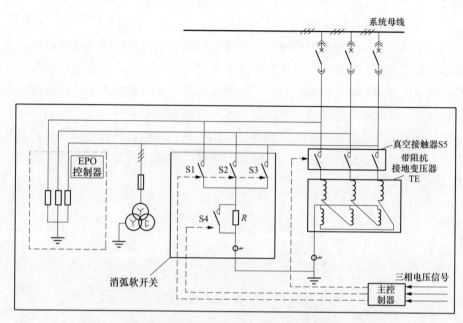

图 1-4　具备错相纠错功能的主动干预型消弧装置拓扑结构图

（2）快速开关直接接地型主动干预型消弧装置，拓扑结构如图 1-5 所示。

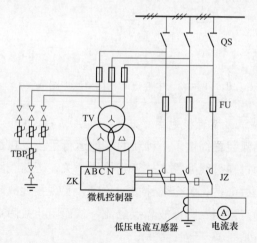

图 1-5　快速开关直接接地型主动干预型消弧装置拓扑结构图

（3）基于低励磁阻抗变压器的主动干预型消弧装置，拓扑结构如图 1-6 所示。

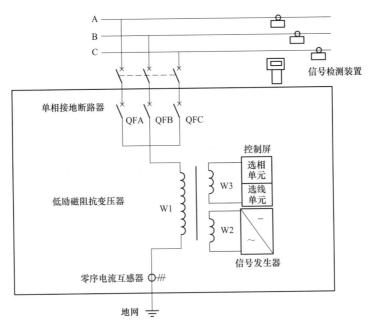

图 1-6 基于低励磁阻抗变压器的主动干预型消弧装置拓扑结构图

1.3 接地系统发展展望

中性点接地方式设置历来就是一个比较复杂的系统工程。在选择接地方式时，必须充分考虑应用环境特点、电网结构、供电可靠性要求、继电保护方式、配电设备绝缘水平、人身安全和通信干扰等因素，进行全面的分析和论证，按照因地制宜的原则来选择，以具体的经济条件为前提，与整个配电系统发展现状、发展规划和综合实力等相结合，在有限条件内选择最适合的配电网中性点接地方式，以免在技术上失误和在经济上造成损失。因此，根据实际情况选择合适的中性点接地方式显得至关重要。

接地故障处理技术近年来取得了持续发展，新的设备、应用、试验手段层出不穷，为配电网安全可靠运行做出了巨大贡献。为了进一步提升相关技术及设备的应用效果，应切实做好"摸清家底、补齐短板、筑牢站内三道防线、站内站外协调配合、加强系统测试、提升管理水平"这 36 字方针。摸清家底要求我们加强设备维护及调试、了解自身缺陷，将故障处理资源合理配置，使其工作在合适状态；补齐短板要求我们针对自身缺陷补齐短板；筑牢站内三道防线旨在可靠切除永久性接地故障，筑牢完善消弧线圈、选线装置、调度自动化

15

系统自动推拉或人工推拉选线三道安全防线；站内站外协调配合是故障处理技术的主要攻关方向之一，利用站内及站外协同工作方式实现故障位置的快速查找及隔离，有助于进一步缩小永久性单相接地故障的影响范围，提高供电可靠性；加强系统测试要求现有技术应该在真实环境或真型试验平台开展测试，克服单相接地故障处理设备在传统单项检查或测试中难以发现实际应用缺陷的难题；提升管理水平要求我们围绕接地故障处理水平提升加强标准及规章制度制定、建立完善的监测及事故分析体系、强化监督考核机制等。

2 配电网接地方式及适应性

GB 50613—2010《城市配电网规划设计规范》第 5.6.2 条规定：对于 35kV 配电网，当单相接地电容电流不超过 10A 时，应采用不接地方式；当单相接地电容电流超过 10A 且小于 100A 时，宜采用经消弧线圈接地方式，接地电流宜控制在 10A 以内；接地电容电流超过 100A 或为全电缆网时，宜采用低电阻接地方式，其接地电阻宜按单相接地电流 1000～2000A、接地故障瞬时跳闸的方式选择。第 5.6.4 条规定：对于 10kV 配电网，当单相接地电容电流不超过 10A 时，应采用不接地方式；当单相接地电流超过 10A 但小于 100～150A 时，宜采用经消弧线圈接地方式，接地电流宜控制在 10A 以内；当单相接地电流超过 100～150A 或为全电缆网时，宜采用低电阻接地方式，其接地电阻宜按单相接地电流 200～1000A、接地故障瞬时跳闸方式选择。

中性点接地方式选择应根据配电网电容电流，统筹考虑负荷特点、设备绝缘水平、电缆化率、地理环境、线路故障特性等因素，并充分考虑电网发展，避免或减少未来改造工程量。本章从故障特征、数值仿真等方面对中性点不接地方式、经消弧线圈接地方式、经低电阻接地方式进行分析，并基于系统电容电流的计算参考方法研究，给出了配电网中性点接地方式的选择原则，可为配电网中性点运行方式的选择和改造提供参考依据。

2.1 中性点不接地方式

2.1.1 不接地系统故障特征

1. 三相电压电流特征

如图 2-1 所示为配电网中性点不接地系统单相接地故障示意图及电压、电流相量关系图。当系统未发生故障时，三相线路有相同的对地电容 C_0，每一相流过超前相电压 90°的电容电流，三相的电容电流之和为零。当系统发生 A 相

17

接地故障时，故障相接地电容被短路，流过故障相的电流为零，对地电压为零，非故障相 B、C 两相的对地电压升高到原来的 $\sqrt{3}$ 倍。

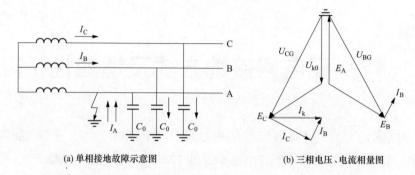

(a) 单相接地故障示意图   (b) 三相电压、电流相量图

图 2-1   中性点不接地配电网单相接地故障示意图及相量图

A 相接地后，三相对地电压为

$$
\begin{cases}
\dot{U}_{AG} = 0 \\
\dot{U}_{BG} = \dot{E}_B - \dot{E}_A = \sqrt{3}\,\dot{E}_A e^{-j150°} \\
\dot{U}_{CG} = \dot{E}_B - \dot{E}_A = \sqrt{3}\,\dot{E}_A e^{-j150°}
\end{cases}
\tag{2-1}
$$

接地故障点的零序电压为三相对地电压之和，即

$$
\dot{U}_{k0} = \frac{1}{3}(\dot{U}_{AG} + \dot{U}_{BG} + \dot{U}_{CG}) = -\dot{E}_A
\tag{2-2}
$$

如图 2-2 所示，配电网中性点不接地系统有 n 回出线时的故障分析，假设线路 Ln 发生 A 相接地短路故障，图 2-2 中 C_{01}、C_{0n} 分别为各线路对地电容。

对非故障线路 L1 进行分析，流过 L1 的各相对地电容电流为

$$
\begin{cases}
\dot{I}_{A1} = 0 \\
\dot{I}_{B1} = j\omega C_{01}\dot{U}_{BG} \\
\dot{I}_{C1} = j\omega C_{01}\dot{U}_{CG}
\end{cases}
\tag{2-3}
$$

同理，流过非故障线路 Li 的各相对地电容电流为

$$
\begin{cases}
\dot{I}_{Ai} = 0 \\
\dot{I}_{Bi} = j\omega C_{0i}\dot{U}_{BG} \\
\dot{I}_{Ci} = j\omega C_{0i}\dot{U}_{CG}
\end{cases}
\tag{2-4}
$$

流过故障点的电流是配电网中所有非故障相对地电容电流之和，即

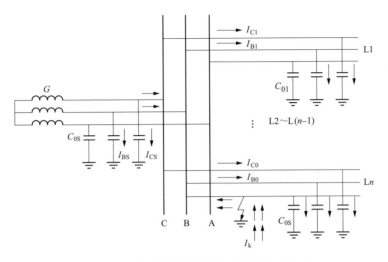

图 2-2　中性点不接地系统单相接地电流分布

$$\dot{I}_k = \sum_i^n (\dot{I}_{Bi} + \dot{I}_{Ci}) = 3j\omega C_{0\Sigma}\dot{U}_{k0} \tag{2-5}$$

式中　$C_{0\Sigma}$——配电系统每相对地电容电流之和。

对于故障线路 Ln，B 相和 C 相分别流过其本身的电容电流 $\dot{I}_{Bn}$ 和 $\dot{I}_{Cn}$；而 A 相流回的是全系统 B 相和 C 相对地电容电流之和，即接地点电流。故障线路 Ln 各相对地电容电流为

$$\begin{cases} \dot{I}_{An} = -\dot{I}_k = -3j\omega C_{0\Sigma}\dot{U}_{k0} \\ \dot{I}_{Bn} = j\omega C_{0n}\dot{U}_{BG} \\ I_{Cn} = j\omega C_{0n}\dot{U}_{CG} \end{cases} \tag{2-6}$$

2. 零序电流特征

如图 2-2 所示，非故障线路 Li 首端流过的零序电流为

$$3\dot{I}_{0i} = \dot{I}_{Ai} + \dot{I}_{Bi} + \dot{I}_{Ci} = j3\omega C_{0i}\dot{U}_{k0} \tag{2-7}$$

由式（2-7）得到，非故障线路 Li 的首端零序电流为它的三相对地电容电流之和，其方向由母线流向线路，相位超前于系统零序电压 90°。

故障线路 Ln 首端流过的零序电流为

$$3\dot{I}_{0n} = \dot{I}_{An} + \dot{I}_{Bn} + \dot{I}_{Cn} = -\dot{I}_k + \dot{I}_{Bn} + \dot{I}_{Cn} = -j3\omega(C_{0\Sigma} - C_{0n})\dot{U}_{k0} \tag{2-8}$$

可见，故障线路 Ln 的零序电流等于所有非故障元件（不包括故障线路本

19

身）的对地电容电流之和，其方向是由线路流向母线，与非故障线路相反，相位滞后于零序电压90°。

根据分析，单相接地故障时零序等效网络如图 2-3 所示，其中，$\dot{U}_{k0} = -\dot{E}_A$ 为接地点零序虚拟电压源电压，近似与故障点故障前电压大小相等、方向相反，电网零序电容值等于相对地电容值。线路串联零序阻抗远小于对地电容的阻抗，可忽略不计。

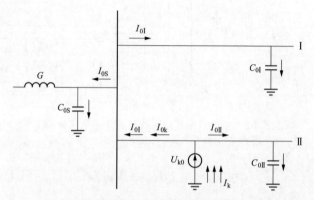

图 2-3　中性点不接地配电网单相接地的零序等效网络

综上所述，中性点不接地配电网发生单相接地故障时的故障特征如下：

（1）单相接地时，故障相对地电压降为零，非故障相对地电压升高为原来的$\sqrt{3}$倍，即线电压，同时全系统出现零序电压。

（2）非故障线路的零序电流大小等于其三相对地电容电流之和，容性无功功率方向是由母线流向线路。

（3）故障线路的零序电流为所有非故障线路对地电容电流之和，容性无功功率方向是由线路流向母线。

（4）非故障线路的零序电流超前零序电压90°，故障线路的零序电流滞后零序电压90°，两者相位相差180°。

2.1.2　不接地系统数值仿真分析

利用电磁暂态仿真软件 PSCAD 进行仿真实验，网络结构如图 2-4 所示。变压器变比为 110kV/10.5kV，额定容量为 40 000kVA；系统为架空线电缆混合线路，系统电容电流设置为 10A；线路参数如表 2-1 所示。线路负荷均设置为 0.8MVA+j0.6Mvar。

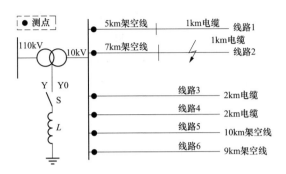

图 2-4　10A 系统仿真模型

表 2-1　　　　　　　　　　　　　　　　线路模型参数

线路	电阻(Ω/km)		电感(mH/km)		电容(μF/km)	
参数	R_+	R_0	L_+	L_0	C_+	C_0
架空线	0.17	0.32	1.017	3.56	0.115	0.006 2
电缆	0.27	2.7	0.255	1.109	0.376	0.276

注　下角"＋"代表正序分量;"0"代表零序分量。

1. 金属性接地故障

(1) 母线三相电压特征。当系统正常运行时,母线三相电压和相位如图 2-5 所示。

设置 10A 系统线路 2 发生单相金属性接地故障,故障后三相电压矢量图如图 2-6 所示。

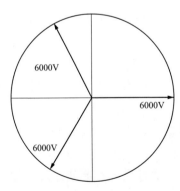

图 2-5　正常运行状态下
三相电压矢量图

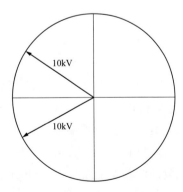

图 2-6　不接地系统单相金属
性故障三相电压矢量图

由图 2-6 可知，金属接地故障后，故障相电压幅值降为零，故障相电压幅值上升为线电压，且非故障相的电压相位相差 60°。

（2）零序电压电流特征。10A 系统、70A 系统、150A 系统的零序电流、零序电压仿真波形如图 2-7 所示。

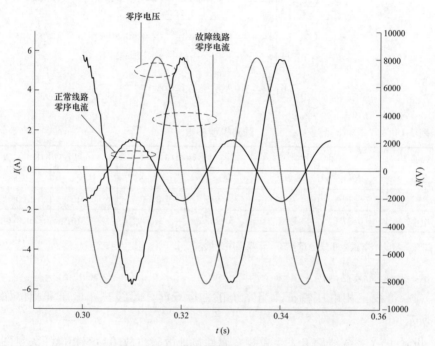

图 2-7　中性点不接地配电网中零序电流、零序电压波形

由以上分析可得到，中性点不接地配电网发生单相接地故障时的故障特征如下：

1）在忽略线路电阻和感抗的前提下，中性点电压等于零序电压；

2）非故障线路的零序电流大小等于其三相对地电容电流之和，容性无功功率方向是由母线流向线路；

3）故障线路的零序电流为所有非故障线路对地电容电流之和，容性无功功率方向是由线路流向母线；

4）故障线路的零序电流幅值等于正常线路的零序电流幅值之和，如果线路不少于三条，故障线路的零序电流幅值最大；

5）非故障线路的零序电流超前零序电压 90°，故障线路的零序电流滞后零序电压 90°，两者相位相差 180°。

2. 变阻抗接地（断线接地过程）

设置仿真系统于4s时发生断线接地故障（此时的过渡电阻为变化值），测量零序电压如图2-8所示。

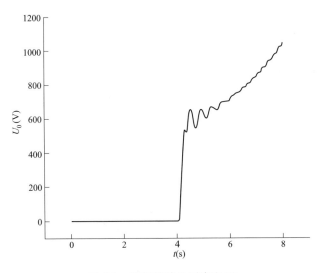

图 2-8　变阻抗接地零序电压

由图2-8可知，零序电压是一个缓慢上升的过程，传统的以零序电压突变量为判据的故障检测装置可能会发生拒动作，因此需要增加绝对值判断的环节。

3. 母线故障

设置仿真系统发生母线接地故障，测量所有线路的零序电流波形如图2-9所示。

母线故障时，所有线路的零序电流相位均相同，且每条线路的零序电流和该线路的对地电容相关，此时采用零序电流比幅比相法进行故障选线，可能会发生误判断。

4. 大负荷投切扰动分析

设置仿真系统在0.3s时切除线路2的大负荷，零序电流和零序电压波形如图2-10所示。

2.1.3　中性点不接地系统的故障过程分析

由于传输线分布电感、分布电容的作用，在故障发生的初期，系统将伴随着暂态过程发生。根据故障分量法思想，小电流接地系统发生单相接地时的故

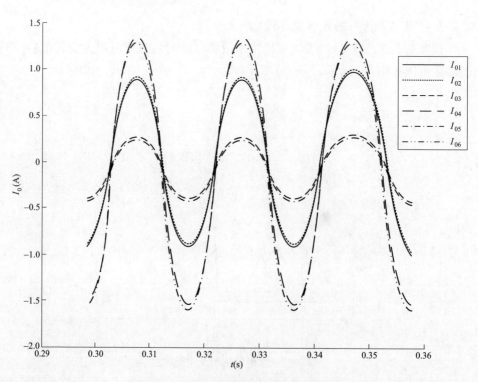

图 2-9 母线故障时各线路零序电流波形

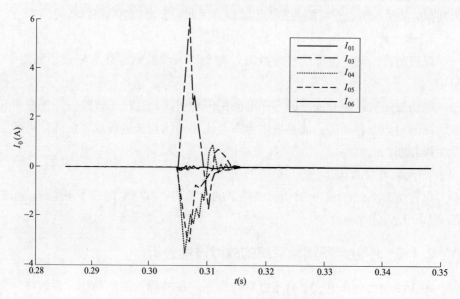

图 2-10 切除大负荷时零序电流波形

障等值电路可以用图 2-11 电路表示。系统正常运行时，故障点对地电压为 u_n；当系统单相接地故障时，相当于 S 闭合，一个 u_n 大小相等的电压源 $-u_n$ 串联故障电阻接入系统。根据叠加原理，可以把故障后的电气量分解为由对称三相电源作用产生的正常分量，以及由故障等效电源的投入而产生的故障分量。所以，故障分量实际是一个分布参数电路的零状态响应过程。对于小电流接地系统，故障分量由接地故障点经各条线路对地电容构成回路。由于线路分布电感、电容的存在，故障暂态分量中含有多种频率成分。

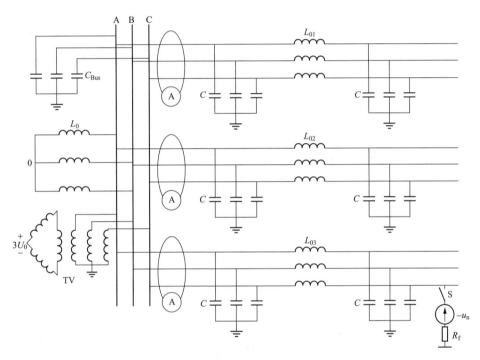

图 2-11　小电流接地系统发生单相接地时的故障等值电路

2.2　中性点经消弧线圈接地方式

2.2.1　中性点谐振接地配电网单相接地故障稳态特征

1. 三相电压电流特征

中性点经谐振接地方式是指在中性点和大地之间接入一个电感消弧线圈，当系统发生单相接地故障时，利用消弧线圈中的电感电流对接地电容电流进行补偿，使得流过接地点的电流减小，从而使电弧自行熄灭。图 2-12 为中性点谐振接地配电网单相接地故障示意图及相量图。当系统正常运行时，中性点对地电压为零，消弧线圈上无电流，相当于断开。当系统发生单相接地故障后，接地点与消弧线圈的接地点形成短路电流；中性点电压升高为相电压并作用在消弧线圈上，从而产生一个感性电流，在接地故障处，该感性电流与接地故障点处的电容电流相抵消，从而减小了接地点的电流。

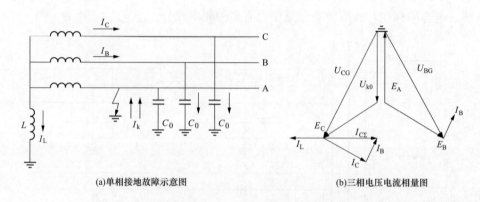

(a)单相接地故障示意图　　　　　　(b)三相电压电流相量图

图 2-12　中性点谐振接地配电网单相接地故障示意图及相量图

A 相接地后，三相对地电压为

$$\begin{cases} \dot{U}_{AG} = 0 \\ \dot{U}_{BG} = \dot{E}_B - \dot{E}_A = \sqrt{3}\,\dot{E}_A e^{-j150^\circ} \\ \dot{U}_{CG} = \dot{E}_C - \dot{E}_A = \sqrt{3}\,\dot{E}_A e^{-j150^\circ} \end{cases} \tag{2-9}$$

接地故障点的零序电压为三相对地电压之和

$$\dot{U}_{k0} = \frac{1}{3}(\dot{U}_{AG} + \dot{U}_{BG} + \dot{U}_{CG}) = -\dot{E}_A \tag{2-10}$$

此时，在系统零序电压作用下，电感 L 中产生了与电容电流反向的电流

$$\dot{I}_L = \frac{\dot{U}_{k0}}{j\omega L} \tag{2-11}$$

如图 2-13 所示，配电网谐振接地系统有 n 回出线时的故障分析，假设线路 Ln 发生 A 相接地短路故障，L 为消弧线圈的电感。

对非故障线路 Li 进行分析，流过 Li 的各相对地电容电流为

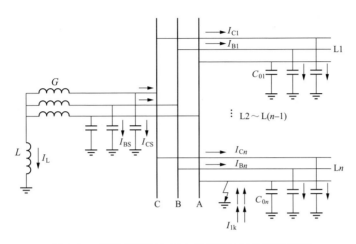

图 2-13　谐振接地配电网中单相接地时故障示意图

$$\begin{cases} \dot{I}_{Ai} = 0 \\ \dot{I}_{Bi} = j\omega C_{0i} \dot{U}_{BG} \\ \dot{I}_{Ci} = j\omega C_{0i} \dot{U}_{CG} \end{cases} \quad (2\text{-}12)$$

消弧线圈的电感电流经过故障点沿故障相返回，因此，流过故障点的电流是增加一个电感分量 $\dot{I}_L$。

$$\dot{I}_k = \sum_i^n (\dot{I}_{Bi} + \dot{I}_{Ci}) + \dot{I}_L = 3j\omega C_{0\Sigma} \dot{U}_{k0} + \dot{I}_L \quad (2\text{-}13)$$

$\dot{I}_L$ 与系统的对地电容电流之和 $\dot{I}_{C\Sigma}$ 相位相反，因此，故障点电流因消弧线圈的电流而减少。消弧线圈的补偿程度用补偿度 P 表示

$$P = \frac{I_L - I_{C\Sigma}}{I_{C\Sigma}} \quad (2\text{-}14)$$

消弧线圈补偿度存在以下 3 种情况：

（1）完全补偿（$P=0$），即 $I_L = I_{C\Sigma}$，电流谐振回路刚好在谐振点运行，电容电流与电感电流完全抵消。但电网在此种方式下运行会产生谐振过电压，使中性点电压升高，因此在实际应用中不采取完全补偿方式。

（2）欠补偿（$P<0$），即 $I_L < I_{C\Sigma}$，经过补偿的接地电流仍然是容性的。当系统中某个元件被切除时，也有可能会出现完全补偿的情况，因此一般也不予采用。

（3）过补偿（$P>0$），即 $I_L > I_{C\Sigma}$，当系统发生单相接地故障时，接地电

27

流为感性，不会引起谐振过电压，因此获得广泛应用。实际情况中一般取 $P=5\%\sim10\%$，据此可计算消弧线圈的电感和电阻为

$$L=\frac{U_{\mathrm{ph}}}{(P+1)\times I_{\mathrm{C\Sigma}}\times 2\times \pi \times f} \tag{2-15}$$

$$r_{\mathrm{L}}=10\%\times X_{\mathrm{L}}=10\%\times 2\times \pi \times f \tag{2-16}$$

对于故障线路 Ln，同理可得各相对地电容电流为

$$\begin{cases} \dot{I}_{\mathrm{A}n}=-\dot{I}_{\mathrm{k}}=-3\mathrm{j}\omega C_{0\Sigma}\dot{U}_{\mathrm{k}0}-\dot{I}_{\mathrm{L}} \\[2mm] \dot{I}_{\mathrm{B}n}=\mathrm{j}\omega C_{0n}\dot{U}_{\mathrm{BG}} \\[2mm] \dot{I}_{\mathrm{C}n}=\mathrm{j}\omega C_{0n}\dot{U}_{\mathrm{CG}} \end{cases} \tag{2-17}$$

2. 零序电流特征

谐振接地系统发生单相接地故障时，非故障线路 Li 首端流过的零序电流与中性点不接地时相同

$$3\dot{I}_{0i}=\dot{I}_{\mathrm{A}i}+\dot{I}_{\mathrm{B}i}+\dot{I}_{\mathrm{C}i}=\mathrm{j}3\omega C_{0i}\dot{U}_{\mathrm{k}0} \tag{2-18}$$

对于故障线路，流过 Ln 线路的电流为消弧线圈补偿后的电流，即故障线路 Ln 首端流过的零序电流为

$$3\dot{I}_{0n}=\dot{I}_{\mathrm{A}n}+\dot{I}_{\mathrm{B}n}+\dot{I}_{\mathrm{C}n}=-\dot{I}_{\mathrm{k}}-\dot{I}_{\mathrm{L}}+\dot{I}_{\mathrm{B}n}+\dot{I}_{\mathrm{C}n}=-\mathrm{j}3\omega(C_{0\Sigma}-C_{02})\dot{U}_{\mathrm{k}0}-\dot{I}_{\mathrm{L}} \tag{2-19}$$

采用过补偿方式时，流过故障点的电感电流大于系统对地电容电流，补偿后的残余电流呈感性，这时，故障线路首端的零序电流呈感性，方向由母线流向线路，与非故障线路一致。因此，难以通过零序电流的大小和方向判别故障线路。

中性点谐振接地配电网单相接地时的零序等效网络图如图 2-14 所示。

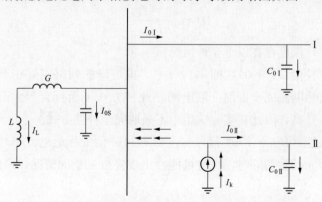

图 2-14 中性点不接地配电网单相接地的零序等效网络

由此可得出，谐振系统发生单相接地故障时与中性点不接地系统的异同如下：

（1）非故障线路的情况和中性点不接地系统相同，零序电流大小等于其正常运行时三相对地电容电流之和，容性无功功率方向是由母线流向线路。

（2）故障线路零序电流不再等于非故障线路零序电流之和，而且其容性无功功率的方向与非故障线路一样，变为从母线流向线路。

2.2.2 消弧线圈系统数值仿真分析

利用电磁暂态仿真软件 PSCAD 进行仿真实验，网络结构如图 2-15 和图 2-16 所示。变压器变比为 110kV/10.5kV，额定容量为 40 000kVA；系统为架空线电缆混合线路，系统电容电流分别为 65A、150A；消弧线圈补偿度可调节，可实现欠补偿和过补偿；线路参数见表 2-1。线路负荷均设置为 0.8MVA＋j0.6Mvar。

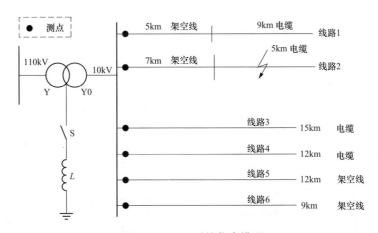

图 2-15　65A 系统仿真模型

1. 金属性接地故障

（1）母线三相电压特征。65A 过补偿 10A 系统和 65A 欠补偿 10A 系统，发生单相接地故障时三相电压矢量图如图 2-17 所示。

当消弧线圈接地系统发生金属性接地故障时，欠补偿和过补偿系统三相电压幅值和相位变化相同，故障相电压接近于零，非故障相电压幅值上升至线电压，且相位差变为 60°。

（2）零序电压电流特征。当 65A 过补偿 10A 系统和 65A 欠补偿 10A 系统

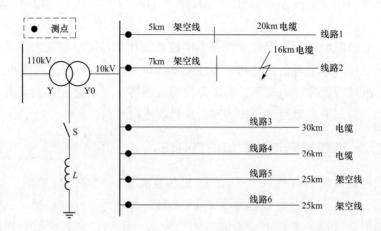

图 2-16　150A 系统仿真模型

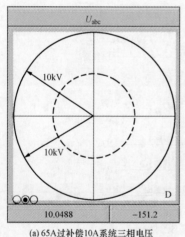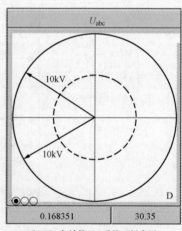

(a) 65A 过补偿 10A 系统三相电压　　　　　(b) 65A 欠补偿 10A 系统三相电压

图 2-17　消弧线圈接地系统发生金属性故障时三相电压矢量图

发生金属性接地故障时，零序电流、零序电压仿真波形图分别如图 2-18～图 2-20 所示。

　　由上述可知，过补偿时，故障线路和非故障线路零序电流相位相同，且超前零序电压 90°；欠补偿时，情况较为复杂，根据故障线路对地电容值的不同，故障线路零序电流相位可能会发生变化，过补偿情况给故障选相选线带来了困难。

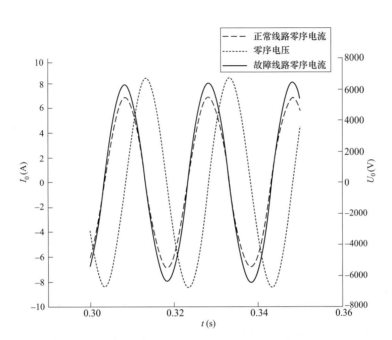

图 2-18 过补偿系统零序电压、电流波形

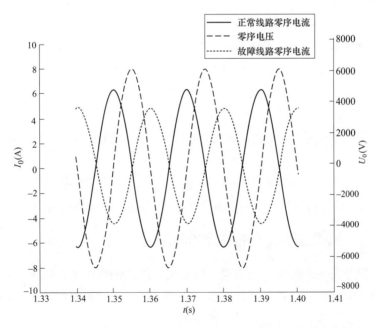

图 2-19 欠补偿系统零序电压、电流波形（故障线路对地电容值较小）

31

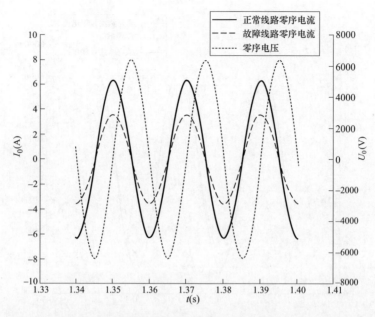

图 2-20　欠补偿系统零序电压、电流波形（故障线路对地电容值较大）

2. 母线故障

设置 65A 过补偿 10A 系统和 65A 欠补偿 10A 系统发生母线接地故障，测量所有线路的零序电流波形图如图 2-21 和图 2-22 所示。

由仿真结果可知，当过补偿系统和欠补偿系统发生母线故障时，所有线路的零序电流均同相位，可能对故障选线和选相算法产生影响。

3. 变阻抗接地（断线接地过程）

设置仿真系统于 8s 时发生断线接地故障（此时的过渡电阻为变化值），测量零序电压值如图 2-23 所示。

由图 2-23 可知，零序电压是一个缓慢上升的过程，传统的以零序电压突变量为判据的故障检测装置可能会发生拒动作，因此需要增加绝对值判断的环节。

2.2.3　消弧线圈装置的选择和应用

（1）户外安装的消弧线圈装置，应选用油浸式铜绕组消弧线圈；户外预装式或组合式消弧线圈装置，可选用油浸式铜绕组或干式铜绕组消弧线圈；户内安装的消弧线圈装置，宜选用干式铜绕组消弧线圈。

（2）室内消弧线圈、接地变压器结构应利于散热、运行巡视和检修试验。

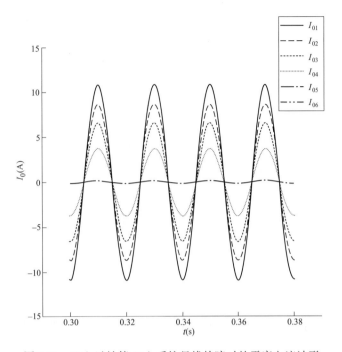

图 2-21　65A 过补偿 10A 系统母线故障时的零序电流波形

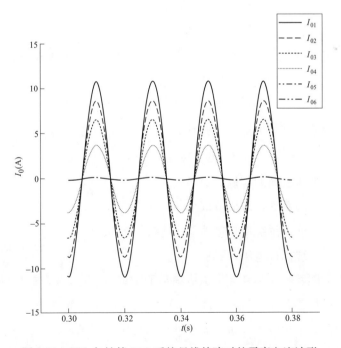

图 2-22　65A 欠补偿 10A 系统母线故障时的零序电流波形

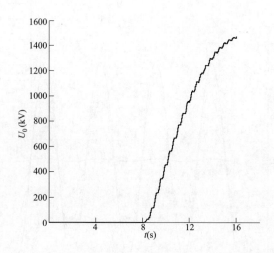

图 2-23   消弧线圈接地系统发生断线故障时的零序电压波形

（3）消弧线圈成套装置调节范围应为 20%～100%，等差调节消弧线圈级差电流不宜大于 5A。

（4）自动跟踪补偿的消弧线圈宜配置并联中电阻故障选线装置，以提高故障选线的正确性，及时隔离故障线路。

（5）消弧线圈的容量应根据系统中远期的发展规划计算确定。对于消弧线圈接地系统变电站，当设备补偿容量配置不足时，应及时进行增容改造，推荐采用容量充足并具有自动调谐功能的消弧线圈，确保一次性改造到位，避免频繁更换。消弧线圈容量一般按下式计算

$$W = kI_{C}U_{n}/\sqrt{3} \tag{2-20}$$

式中 W——消弧线圈的容量，kVA；

　　　　k——发展系数，取值范围 1.35～1.6；

　　　　I_{C}——中远期系统单相接地电容电流，A；

　　　　U_{n}——系统标称电压，kV。

（6）自动跟踪补偿消弧装置除应满足 DL/T 1057—2007《自动跟踪补偿消弧装置技术条件》和 GB/T 50064—2014《交流电气装置的过电压保护和绝缘配合设计规范》中第 3.1.6 条的要求外，运行中还应满足：

1）消弧线圈宜采用过补偿运行方式，经消弧线圈装置补偿后接地点残流

不超过 10A。

2）安装消弧线圈装置的系统在接地故障消失后，故障相电压应迅速恢复至正常电压，不应发生任何线性或非线性谐振。

3）消弧线圈装置本身不应产生谐波或放大系统的谐波，影响接地电弧的熄灭。

4）消弧线圈装置的控制设备满足二次设备规定的抗电磁干扰水平。消弧线圈装置的控制系统应运行可靠，出现异常应能发出遥信告警信息。

5）消弧线圈装置宜具有录波功能和通用网络接口，以便于故障分析和远方调用消弧线圈装置的动作信息，同时应具备遥测、遥信、故障信息远传功能。

2.2.4　自动跟踪补偿消弧线圈成套装置

自动跟踪补偿消弧线圈成套装置在系统正常运行时实时自动测量系统电容电流；在系统发生单相接地故障时自动进入补偿状态，在系统中性点与地之间输出与系统单相接地电容电流相对应的感性补偿电流，以限制接地电流及消除接地电弧；接地故障消除后自动退出补偿状态。

装置的基本功能包括：自动跟踪系统电容电流的变化；当系统发生单相接地故障时，自动补偿系统单相接地电容电流的工频分量并降低故障点熄弧后恢复电压上升的速度，以利于接地电弧的熄灭并降低高幅值间歇性电弧接地过电压出现的概率。

1. 按调节方式分类

（1）预调式：预调式装置在系统正常运行时测量系统电容电流，并预先调节电感值到设定的补偿状态，单相接地发生后对系统单相接地电容电流进行补偿。装置在系统正常运行时由专用设施（阻尼电阻等）抑制装置的电感与系统对地电容的串联谐振；当单相接地故障发生后，自动退出此设施以输出设定补偿电流；当检测到单相接地故障消除后自动投入此设施。

系统正常运行时，消弧线圈始终靠近谐振点运行；当系统发生单相接地故障时，消弧线圈零延时（当有限制中性点高电位的阻尼电阻时，响应速度就是阻尼电阻的短接速度，时间为微秒级，小于 $10\mu s$）进行补偿，无须调节。

（2）随调式：随调式装置在系统正常运行时测量系统电容电流，并设定补偿参数，单相接地故障发生后自动进入设定补偿状态，对系统单相接地电容电流进行补偿。装置在系统正常运行时其电感量远离与系统对地电容发生串联谐振的值；当单相接地故障发生后，自动进入设定的补偿状态以输出设定补偿电流；当检测到单相接地故障消除后其电感量自动远离谐振点。

系统正常运行时，消弧线圈远离谐振点；发生单相接地故障后，调节消弧线圈靠近谐振点（从装置判断接地到完全补偿大约需要 3～5 个周波）；故障恢复后，再调节消弧线圈远离谐振点。

2. 典型结构

装置一般包括：为系统提供人工中性点的接地变压器（可带其他负载），在系统中性点与地之间接入提供感性补偿电流的消弧线圈，控制消弧线圈行为的控制器，以及保证成套装置正常工作的相关辅助设备；或者由具备以上相应功能的设备组成。

消弧线圈成套装置由接地变压器、消弧线圈、智能控制器及其他附属设备组成，典型电气连接如图 2-24 所示。

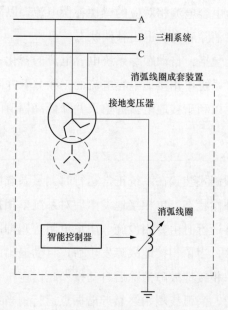

图 2-24　消弧线圈成套装置典型电气连接图

消弧线圈按调谐方式可分为调匝式消弧线圈、调容式消弧线圈和相控式消弧线圈。

（1）调匝式消弧线圈。由带气隙的铁芯、绝缘材料、夹件、高压基本线圈、调节线圈等元件组成。结构为单相两柱串联式结构，设有 9 挡或更多挡位分接头，通过调整分接头的位置改变消弧线圈的电感量。结构原理图如图 2-25 所示。

（2）调容式消弧线圈。由带气隙的铁芯、绝缘材料、夹件、高压线圈、低压线圈等组成。消弧线圈的补偿电容器放在调容柜内，各组电容器并联于消弧线圈二次侧，由真空开关投切。调容式挡位分为 8、16、32 挡等，以调容式 16 挡为例，原理图如图 2-26 所示。

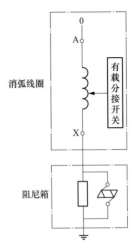

图 2-25　调匝式消弧线圈
结构原理图

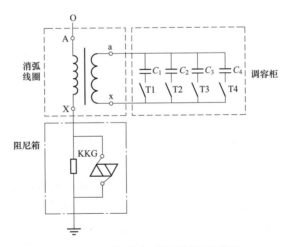

图 2-26　调容式消弧线圈结构原理图

（3）相控式消弧线圈。由带气隙的铁芯、绝缘材料、夹件、高压线圈、短路线圈、滤波绕组等组成。结构原理如图 2-27 所示，其中 P 为一次绕组，S 为二次控制绕组，T 为滤波绕组。它的工作原理是通过调节二次侧晶闸管导通角度，改变等值电抗的大小。由于晶闸管是非线性元件，控制时会产生一定的谐波，利用滤波绕组中的三次、五次滤波回路可以消除晶闸管控制回路所引起的谐波电流，从而使一次绕组的总谐波电流控制在一定范围内。

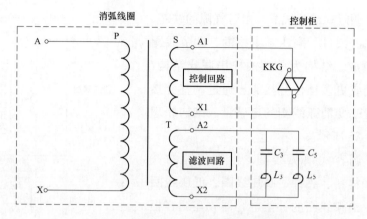

图 2-27　相控式消弧线圈结构原理图

2.3　中性点经低电阻接地方式

根据 GB/T 50064—2014《交流电气装置的过电压保护和绝缘配合设计规范》第 3.1.3 条规定，单相故障电容电流超过 10A 的 6～20kV 架空线路，需在接地故障条件下运行时，应采用中性点谐振接地方式；第 3.1.4 条规定，6～35kV 主要由电缆线路构成的配电系统，当单相接地故障电容电流较大时，可采用低电阻接地方式。

2006 年，150A 被写入了 Q/GDW 156—2006《城市电力网规划设计导则》，其中第 4.5.5 条明确规定，对 35kV、20kV、10kV 电压等级的非有效接地系统，当单相接地电流达到 150A 以上的水平时，宜改为低电阻接地系统。2011 年，GB 50613—2010《城市配电网规划设计规范》明确，当单相接地电流超过 100～150A，或为全电缆网时，宜采用低电阻接地方式。

低电阻接地系统（低电阻接地方式）的实质就是利用中性点电阻在故障点叠加有功电流，和中性点直接接地一样形成了一个较大的零序电流回路，使其继电保护和中性点直接接地一样易于实现。此外，电缆构成的线路是由绝缘层包裹的，不易发生临时性接地，若发生单相接地就意味着绝缘的损坏，需尽快停电更换。

2.3.1　低电阻接地系统电阻值的选择

中性点接地电阻值的选择主要考虑限制弧光接地过电压、继电保护配置以及限制通信干扰等多方面的要求。

低电阻的阻值选择应考虑下列因素：①对限制过电压的要求；②零序继电

保护灵敏度的要求；③系统发生单相接地故障时对通信的干扰；④线路杆塔处的接触电动势和跨步电压不超过允许值，保证不会对人员造成人身伤害。

1. 抑制弧光接地过电压的要求

弧光接地过电压又称间隙性弧光接地过电压。当中性点非直接接地系统发生单相间隙性弧光接地故障时，由于不稳定的间歇性电弧多次不断的熄灭和重燃，在故障相和非故障相的电感电容回路上会出现间歇性暂态过电压，非故障相的过电压幅值可达 3.15～3.5 倍相电压，这种过电压是由于系统对地电容上电荷多次不断的积累和重新再分配形成的，是断续的瞬间发生的且幅值较高的过电压，对电力系统的设备危害极大。

2. 标准对弧光过电压的限定

根据 GB/T 50064—2014《交流电气装置的过电压保护和绝缘配合设计规范》第 4.2.8 条规定，66kV 及以下系统发生单相间歇性电弧故障时，可产生过电压，过电压高低随接地方式不同而异，一般情况最大过电压不超过下列数值（标幺值）：不接地时 3.5；消弧线圈接地时 3.2；电阻接地时 2.5。故低电阻接地系统接地电阻选取的阻值应将过电压控制在 2.5 倍相电压以内。

3. 理论依据

当中性点经低电阻接地运行时，电弧熄灭过程中系统积累的多余电荷可通过中性点接地电阻在电弧熄灭到重燃前的一段时间内泄漏掉，降低过电压风险，且电阻值越低，过电压也越低。

因为线路电容 $3C$ 向 R_0 放电时遵循 $e^{-\frac{t}{T}}$ 放电规律，当电阻值满足 $R_0 = \dfrac{1}{3\omega C}$ 时，$T = 3R_0 C = \dfrac{1}{\omega} = \dfrac{1}{2\pi f}$，当 t 为半个周期的时间（$t = \dfrac{1}{2f}$）时，线路电容上的电荷由 1 降至 $e^{-\frac{t}{T}} = e^{-\pi} = 0.043$，表明在半个周期时间内，电荷已基本泄漏完毕，故不会产生很高的过电压。

从限制弧光过电压的角度要求

$$I_R > I_C \tag{2-21}$$

式中　I_R——低电阻接地电阻电流最大值；

　　　I_C——低电阻接母线电容电流最大值。

研究表明，电阻电流和电容电流的比值 I_R/I_C 与非故障相电压的关系可由图 2-28 表示。当 $I_R > 2I_C$ 时，可确保将弧光接地过电压限制在 2.5 倍相电压以内。国内低电阻接地系统设计均依据此原则进行。

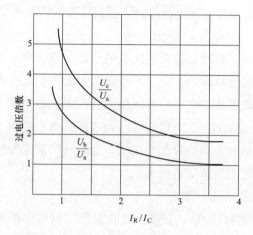

图 2-28 健全相过电压倍数与 I_R/I_C 的关系

另一方面，接地电阻小，有功接地电流大，电弧可稳定燃烧，有效降低弧光接地过电压发生的概率，避免电弧重燃；即使电弧重燃，也可保证电压与电流同相位，即电流过零点时电压也接近过零点，间歇弧光接地过电压不会一次比一次恶劣。

4. 试验依据

某变电站进行的试验表明，当中性点不接地时，弧光接地过电压最大可以达到最高工作相电压的 4.76 倍。当接地电阻值较小（如 $R_0 < \frac{1}{3\omega C}$）时，电弧点燃和熄灭过程中积累的多余电荷可通过 R_0 泄漏掉，与理论分析结果一致。弧光接地过电压（标幺值）和 R_m 的关系如表 2-2 所示。

表 2-2　　　　弧光接地过电压（标幺值）和 R_m 的关系

熄弧状况	故障线路	R_m						
		10Ω	30Ω	50Ω	130Ω	400Ω	800Ω	∞
高频熄弧	电缆线	1.885	1.930	2.008	2.122	2.401	2.747	3.147
	架空线	1.522	1.038	1.785	2.222	2.977	3.564	4.764
工频熄弧	电缆线	1.832	1.873	1.922	2.053	2.257	2.477	2.649
	架空线	1.534	1.738	1.887	2.114	2.439	2.641	2.934

从表 2-3 可以看出，弧光接地过电压随着 R_m 的减小而减小。在某变电站 10kV 系统中，$1/(3\omega C_0)=130\Omega$。当 $R_m=130\Omega$ 时，弧光接地过电压标幺值降至 2.222 以下。R_m 进一步减小时，不仅能在熄弧后把中性点节点迅速衰减接近至零，还能更有效地限制单相接地引起的健全相工频电压（相当于弧光接地过电压的稳态分量）升高，从而进一步降低弧光接地过电压。当 $R_m=10\Omega$ 时，弧光接地过电压标幺值均可降到 1.9 以下。此外，经验分析表明，当短路电流 $I_R\geqslant 500A$ 时，电弧可稳定燃烧，防止间歇熄弧重燃产生过电压。

5. 满足继电保护的需要

中性点低电阻接地系统和中性点直接接地系统一样，发生单相接地故障时，保护动作于出线断路器跳闸。配置零序保护时需要综合考虑灵敏性、可靠性及选择性的要求。

（1）单相接地故障时非故障线路电容电流的变化情况。根据电缆线路设计手册，电缆线路电容电流 I_C 可按照式（2-22）估算。

$$I_C = KUL \tag{2-22}$$

式中　U——电缆的额定电压，kV；

　　　L——电缆的长度，km；

　　　K——考虑电缆截面积的修正系数，可按照式（2-23）计算。

$$K = \frac{95 + 1.44S}{2200 + 0.23S} \tag{2-23}$$

式中　S——电缆芯线截面积，mm^2。

有文献研究表明，考虑配电装置、低压侧影响及其他因素的影响，建议将 K 的估算公式修正为

$$K = \frac{190 + 1.44S}{2200 + 0.23S} \tag{2-24}$$

并且，经试验验证，修正后的经验公式更符合实际情况，即采用式（2-22）和式（2-24）进行电缆电容电流的估算。

根据式（2-23）和式（2-24）可以得到不同截面积电缆电容电流随电缆长度的变化曲线，如图 2-29 所示。

（2）低电阻接地系统馈线零序保护配置需求。系统经低电阻接地后，当发生单相接地故障时存在零序通路，故障线路存在明显的零序有功电流分量，可

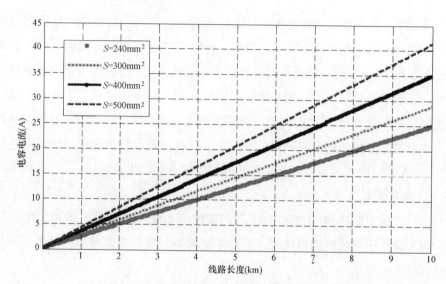

图 2-29 不同截面积电缆电容电流随线路长度的变化

据此配置零序电流保护。当零序电流保护不满足灵敏度系数校验要求时，可配置零序方向保护。

（3）零序电流保护配置。

1）零序电流Ⅰ段（速断）保护。零序电流Ⅰ段保护不保护线路全长，装置固有动作时间约 0.04s，主要用于跳开短路电流较大的金属性接地故障，动作值 I_{op}^{I} 有如下要求

$$I_{op}^{I} \leqslant \frac{I_g}{K_m} \tag{2-25}$$

式中　K_m——灵敏度系数，按要求通常不小于 2；

　　　I_g——下条线路出口金属性短路的最小短路电流。

2）零序电流Ⅱ段（限时速断）保护。为确保在经过渡电阻短路时保护也能可靠动作，需设置零序电流Ⅱ段保护，其动作时限比零序电流Ⅰ段保护高一个时限。整定原则为：按照躲过其他线路发生金属性接地故障时，本线路所供出的电容电流，以及最大负荷时的不平衡电流。

为了增大对过渡电阻的适当裕度，保证保护对线路末端有足够的灵敏度，零序电流保护希望能尽量取低值，这在各地区也不尽相同，10～80A 均有。在此电流以下，称为零序电流保护的死区，整定值越高，死区范围越大。

3）零序电流Ⅲ段保护。作为后备保护，动作时限比零序电流Ⅱ段保护高

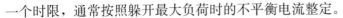

一个时限，通常按照躲开最大负荷时的不平衡电流整定。

（4）零序方向保护的要求。考虑系统配置零序方向保护时，接地电流的有功分量是影响灵敏度的重要因素，通常当满足以下条件时，接地方向继电器能可靠动作。

$$\frac{接地电流的有功分量 I_R}{母线电容电流 I_C} \geqslant 2 \tag{2-26}$$

其中，电容电流为某段母线总电容电流。

根据某供电公司对 10kV 系统电容电流的测试结果，该地区电容电流最大的站点，双母线并联运行，电容电流达到 245A，据此得出低电阻接地电流最少要达到 490A，考虑到所测得的电容电流不是最大的电流，以及电容电流的增长，选择低电阻接地电流 600A 是合理的。

6. 避免通信干扰的要求

国内外运行经验表明，中性点经低电阻接地带来 200～1000A 的接地电流，没有对通信产生严重的影响。

7. 阻值选择结果

上述讨论了中性点低电阻的选择原则，对故障后流经中性点低电阻的接地电流 I_R 提出了要求，由此可计算相应的低电阻阻值。当配电网在变压器出口经中性点低电阻接地时，暂不考虑故障点接地电阻，其接地电流可以通过式（2-27）进行计算

$$I_f = \frac{\sqrt{3}U_N}{\sqrt{X_s^2 + R_0^2}} \tag{2-27}$$

式中　X_s——系统的等值电抗，包括变压器电抗与高电压等级的等值电抗；

　　　R_0——中性点低电阻，远大于 X_s，因此可认为配电网单相短路电流主要由 R_0 决定。

对于典型 110kV 变压器，该电抗值为

$$X_s = 0.17\frac{U_N^2}{S_B} = 0.29\Omega \tag{2-28}$$

表 2-3 给出了不同接地电阻值下单相短路时的最大短路电流 I_f（暂不考虑故障点接地电阻）。根据对中性点低电阻接地电流 I_R 的要求，参考北京等地的选值，接地电阻 R_0 为 10Ω 是较为合理的。

表 2-3　　　　　　　　不同电阻值下单相短路电流最大短路电流

R_0 （Ω）	I_f （A）	R_0 （Ω）	I_f （A）
5	1212.401	13	466.3081
6	1010.33	14	433.0004
7	866.0008	15	404.1337
8	757.7507	16	378.875
9	673.5562	17	356.5886
10	606.201	18	336.7781
11	551.0914	19	319.0529
12	505.1671	20	303.1003

2.3.2　低电阻接地系统分析

低电阻接地系统对人身安全的影响主要体现在以下两个方面。

（1）接地方式不同，导致单相接地时的入地电流不同，从而引起地电位抬高、接触电压过大而使人发生触电的事故。小电流接地系统发生单相接地故障时，不能立即跳闸，触电人员不易立即脱离电源，会带来比较大的危害；经低电阻接地系统发生金属性单相接地故障时，保护能正确及时动作，使触电人员立即脱离电源，尽管短路电流较大，造成的伤害相对而言会比较小；但是经过渡电阻接地时，保护不能准确及时动作，仍会给人身造成伤害。综合考虑触电的方式、触电后保护的动作情况等，由于城市区域大量使用电缆、绝缘导线等，外力造成架空线发生单相接地故障的事故会大量减少，而电缆发生单相接地故障时由于外皮的分流作用，入地电流仅有很少部分，所以引起的电位升高也较小，从这一方面来讲，配电系统改为采用中性点经低电阻接地有一定的优势。

（2）由于人体直接接触带电线路而发生触电的事故。中性点经低电阻接地通过降低配电变压器的等效接地电阻到 0.5Ω 及以下或 4Ω 时，保护接地与工作接地分开的距离不得小于 5m 等要求，在发生高压对配电变压器外壳短路时对用户的用电及人身安全是有保证的。

在过电压和绝缘配合方面，低电阻接地系统与小电流接地系统相比，能明显降低过电压幅值，缩短过电压作用时间；电气设备的绝缘水平可按 GB/T 50064—2014《交流电气装置的过电压保护和绝缘配合设计规范》的规定选择，即额定短时工频耐压为 28kV；无间隙金属氧化物避雷器可从小电流接地系统的 $U_r=17kV$，降低为 $U_r=12kV$。即在低电阻接地系统中，可以选取 $U_r=12kV$ 的避雷器。

供电可靠性方面，规划 A＋、A、B 类供电区域 10kV 电缆线路接线方式宜采用双环式、单环式；架空线路宜采取多分段、适度联络接线方式，以绝缘线路为主，借助配电自动化手段，供电可靠性有保障，此时采用消弧线圈接地方式带故障运行保障可靠性的优势不再明显；采用低电阻接地后，对电缆线路为主的配电网中的架空线路，可依靠自动重合闸来缩短停电时间；保护配置得当，可不降低供电可靠性；由于绝缘事故的发生概率降低，供电可靠性间接提高。

2.4 配电网中性点接地方式选择

2.4.1 系统电容电流计算

电容电流是确定配电网中性点接地方式的基本依据之一。电容电流应包括有电气连接的所有架空线路、电缆线路、发电机、变压器以及母线等元件的电容电流，同时考虑 5～10 年的发展。配电网电容电流受多种因素的影响，若要获得精确的数值，则需要选用专门的测量仪器对其进行现场测量。

传统配电网电容电流测量方法主要分为直接法和间接法。早期一般采用直接法中的单相金属接地法，人为对配电网线路进行单相接地试验，通过电流互感器直接测量流入大地的容性电流，这种方法操作过程复杂、安全风险较大，现在已很少采用。采用间接法测量容性电流可以在一定程度上避免直接法的缺点，又便于测量。常用的间接法主要有偏置电容法、人工中性点法、一次侧信号注入法、调谐法、二次侧信号注入法等。其中，偏置电容法、人工中性点法和一次侧信号注入法需要将测试设备连接一次带电部分，仍存在一定安全风险或影响供电可靠性；调谐法被一些消弧线圈控制装置采用；二次侧信号注入法被广泛用于电容电流的现场测试，其原理是从母线电压互感器二次开口三角形或消弧线圈二次侧加装信号源，向系统注入特定频率的信号并分析反馈信号，从而计算出电容电流值。相比传统的直接法和间接法，该方法最大的优势在于整个测量过程均在系统二次侧进行，操作人员的安全能够得到保障，且测量不影响电网的正常运行。

一般情况下，电容电流可按精确计算公式或经验公式进行计算。在进行中性点接地方式选择时，首先应对系统的电容电流进行计算。

配电网对地电容电流 I_C 可以采用式（2-29）求得

$$I_C = \sqrt{3}\, \omega C_0 U_N L \times 10^{-3} \tag{2-29}$$

式中　I_C——对地电容电流，A；

　　　U_N——系统额定电压，kV；

　　　C_0——电缆或架空线路的单相对地电容，F/km；

　　　L——电缆或架空线路的长度，km。

对于电缆线路，电容电流可以采用式（2-30）近似估算

$$I_C = 0.1 U_N L \tag{2-30}$$

对于架空线路，电容电流可以采用式（2-31）近似估算

$$I_C = (2.7 \sim 3.3) U_N L \times 10^{-3} \tag{2-31}$$

式（2-31）源于木杆线路，当线路有、无避雷线时，系数分别为 3.3 与 2.7。对于水泥杆及金属杆塔的架空线路，电容电流需要增加到 10%～12%。

对于电缆线路，若要进行较为精确的估计，可以参考表 2-4 中的数据。

架空线路的对地电容电流，既包括其本身的对地电容电流，也应考虑架空地线（屏蔽线）的对地电容电流的影响。此外，同杆双回路架设方式也加大了电容电流，一般为单回路的 1.3～1.6 倍。在系统电容电流计算中，变电站母线电容电流也应纳入考虑范围。对于敞开式母线，单位母线长度电容电流一般取 $(0.5 \sim 1) \times 10^{-3}$ A/m；对于离相封闭母线，单相对地电容可通过式（2-32）近似求得

$$C_0 \approx \frac{1}{18 \ln \dfrac{D}{d}} \times 10^{-9} \tag{2-32}$$

式中　C_0——单相对地电容，F/m；

　　　D——离相封闭母线的外壳半径，m；

　　　d——离相封闭母线的外径，m。

表 2-4　　　　　　　　　不同截面积电缆线路电容电流平均值

电缆缆芯截面积（mm²）	额定电压（A/km）		
	10kV	20kV	35kV
25	0.90	—	—
35	0.99	1.82	2.22

续表

电缆缆芯截面积（mm²）	额定电压（A/km）		
	10kV	20kV	35kV
50	1.09	2.01	2.41
70	1.24	2.25	2.64
95	1.37	2.48	2.86
120	1.49	2.68	3.06
150	1.62	2.88	3.27
185	1.78	3.14	3.49
240	1.96	3.46	3.78
300	2.14	3.74	4.07
400	2.41	4.16	4.49
500	2.63	4.66	4.86
630	2.91	—	5.30

2.4.2 配电网中性点接地方式选择原则

1. 中压配电网中性点接地方式的相关标准

Q/GDW 10370—2016《配电网技术导则》基本上延续了 GB 50613—2010《城市配电网规划设计规范》，明确规定了以下内容：35、10kV 配电网中性点可根据需要采取不接地、经消弧线圈接地或经低电阻接地方式。各类供电区域 35、10kV 配电网中性点接地方式宜符合表 2-5 的要求。

表 2-5　　　　　　　　各类供电区接地方式配置要求

供电区域	中性点接地方式		
	经低电阻接地	经消弧线圈接地	不接地
A+	√	—	—
A	√	√	—
B	√	√	—
C	—	√	√
D	—	√	√
E	—	—	√

（1）按单相接地故障电容电流考虑，35kV 配电网中性点接地方式的选择应遵循以下原则：

1）单相接地故障电容电流在 10A 及以下，宜采用中性点不接地方式；

2）单相接地故障电容电流在 10～100A，宜采用中性点经消弧线圈接地方式，接地电流宜控制在 10A 以内；

3）单相接地故障电容电流达到 100A 以上，或以电缆网为主时，应采用中性点经低电阻接地方式；

4）单相接地故障电流应控制在 1000A 以下。

（2）按单相接地故障电容电流考虑，10kV 配电网中性点接地方式的选择应遵循以下原则：

1）单相接地故障电容电流在 10A 及以下，宜采用中性点不接地方式；

2）单相接地故障电容电流超过 10A 且小于 100～150A，宜采用中性点经消弧线圈接地方式；

3）单相接地故障电容电流超过 100A，或以电缆网为主时，宜采用中性点经低电阻接地方式；

4）同一规划区域内宜采用相同的中性点接地方式，以利于负荷转供。

2. 中压配电网中性点接地方式配置原则

依据 GB 50613—2010《城市配电网规划设计规范》以及 Q/GDW 10370—2016《配电网技术导则》相关规定，结合中压配电网的实际情况，推荐以下中性点接地方式选用原则，见表 2-6。

表 2-6　　　　　　　　　　　　　　中性点接地方式选择

供电区类型	中性点经低电阻接地	中性点经消弧线圈接地	中性点不接地
新建城区	电容电流大于 100A，或者电缆化率达到 90％及以上	不满足低电阻接地条件时	电容电流不超过 10A
老旧城区	电容电流大于 150A，且电缆化率达到 90％及以上	不满足改低电阻接地条件时，建议优化网架，或者采用分散补偿方式缓解容量不足问题；采用经弧线圈并中电阻接地的方式解决选线问题；采用治理不平衡、调整脱谐度解决虚假接地问题。同步优化网架，待达到改造条件时，可改为低电阻接地	电容电流不超过 10A

关于上述接地方案选择的补充说明如下：

1）对于老旧城区，电容电流大于 150A 的变电站，原则上推荐改为低电阻接地方式。但是，当老旧城区架空线较多（大于 10％）时，单相接地故障隐患较大，改低电阻接地方式易导致跳闸率升高。此时，应该逐步改善网架结构，提高电缆化率，待达到改造条件后，可改为低电阻接地方式。

2）综合考虑低电阻接地方式的运维经验，建议在新建城区对低电阻接地方式进行试点应用之后，再在电容电流较大的老旧城区推进相关改造。

3）电容电流尚未达到 10A 时，宜采用中性点不接地系统，并应借变电站扩建、改建的时机，预留消弧线圈扩容或安装接地电阻装置及配套保护控制装置的空间。

按照上述接地方式配置原则。针对中性点经消弧线圈接地和经低电阻接地方式，提出以下配置要求。

（1）消弧线圈系统配置要求。

1）消弧线圈的容量选择宜一次到位，不宜频繁改造。

2）采用具有自动补偿功能的消弧装置，补偿方式可根据接地故障诊断需要，选择过补偿或欠补偿。

3）正常运行情况下，中性点长时间电压位移不应超过系统标称相电压的 15%。

4）补偿后接地故障残余电流一般宜控制在 10A 以内，采用适用的单相接地选线技术，满足在故障点电阻为 1000Ω 以下时可靠选线的要求。

5）一般 C、D 类区域采用中性点不接地方式时，宜预留变电站主变压器中性点安装消弧线圈的位置。

6）对于中性点不接地系统和经消弧线圈接地系统，当中压线路发生永久性单相接地故障时，宜按快速就近隔离故障原则进行处理，宜选用消弧线圈并联电阻、中性点经低励磁阻抗变压器接地保护、稳态零序电流象限判别、暂态零序信号判别等有效的单相接地故障判别技术。配电线路开关宜配置相应的电压、电流互感器（传感器）和终端，与变电站内的消弧、选线设备相配合，实现就近快速判断和隔离永久性单相接地故障功能。

7）当采用中性点经消弧线圈接地方式时，系统设备的绝缘水平宜按照中性点不接地系统的绝缘水平选择。

（2）低电阻接地系统配置要求。

1）对低电阻的要求。综合考虑继电保护动作灵敏性、故障电流对电气设备和通信的影响，以及对系统供电可靠性、人身安全的影响等因素，10kV 中性点经低电阻接地系统的接地故障电流应控制在 1000A 以下。因此，选取 10kV 系统接地电阻不小于 6Ω，推荐 6Ω 或 10Ω。额定电压为系统相电压。

中性点接地电阻装置应满足 DL/T 780—2001《配电系统中性点接地电阻

器》的要求，另外，在选择和运行中还应满足以下要求：

电阻装置应采用不锈合金钢型电阻器，电阻器的热容量应考虑继电保护后备保护的动作时间以及断路器的动作时间并留有一定的裕度。一般选择热稳定时间 10s，温升不应超过 760K；计算电阻器长期通流值的电压取值按照中性点位移电压不超过系统标称相电压的 10% 选取，电阻器的长时间（2h）运行温升不应超过 380K。电阻器中固定电阻用的夹件和支撑件均应能耐受相应的温度。接地故障发生时电阻器的阻值升高应保证重合闸时，继电保护仍有足够的灵敏度。10s 温升试验中，达到温升限值时电阻器电流衰减值不应超过初始电流的 20%。接地电阻装置绝缘水平应按照相应电压等级的要求选择。接地电阻回路中宜增加中性点电流监测或接地电阻温升监测装置。

2）对接地变压器的要求。当主变压器低压侧没有中性点时，接地电阻需要经过 Z 型接线的接地变压器接地。低电阻接地系统用接地变压器不兼作站用变压器时，容量按接地故障时流过接地变压器电流对应容量的 1/10 选取，一般可选 315kVA 或 400kVA；当接地变压器兼作站用变压器时，其容量还应加上站用负荷容量。阻抗电压为 4%，零序阻抗每相为 7～9Ω。户内安装宜采用干式，绕组绝缘等级不低于 F 级。

新建变电站的 10kV 接地变压器与站用变压器宜分别安装配置。对于改造站，在安装位置允许的条件下，宜将变电站接地变压器和站用变压器分开安装。

对接地变压器的接入位置选择及其相关要求如下：

如接地变压器通过隔离开关接至主变压器二次侧首端，则应与主变压器同时投入或退出运行，不应兼作站用变压器。此时，接地变压器全回路处于主变压器的差动保护范围内，当线路和母线发生接地故障时，主变压器回路和接地变压器回路的电流互感器均有零序电流流过，主变压器差动保护应剔除或躲过该部分的零序电流。由于接地变压器为 Z 型接线，其高压侧电流互感器的二次回路的接线方式应与之相配合。低电阻接地系统通常推荐接地变压器通过隔离开关接至主变压器二次侧首端。

如接地变压器通过断路器接至母线，则可以兼作站用变压器。当线路和母线发生接地故障时，主变压器回路的电流互感器中无零序电流流过，只有接地变压器、低电阻和线路电流互感器（线路故障时）有零序电流流过，接地变压器零序保护可以作线路故障后备保护。开关、母线等裸露的带电部分应采用热塑材料加以封闭以尽量减小这部分设备的故障可能性。

3）对零序保护的要求。馈线零序保护方式及定值选择应与低电阻阻值相配合，站内设施与馈线零序保护应实现级差配合。10kV 低电阻接地系统应配置零序保护，系统中的线路、专用接地变压器、连接于母线的电容器和电抗器等设备均应配置零序电流保护，且所配置的零序电流保护整定应符合 DL/T 584—2017《3kV～110kV 电网继电保护装置运行整定规程》的规定。

当低电阻接地系统的设备发生单相接地故障时，该设备的保护应可靠切除故障，允许短延时动作，但保护动作时间必须满足有关设备的热稳定要求。只有当该设备保护或断路器拒动时，才允许由相邻设备的保护切除故障。

接地变压器应装设三相式两段相间过电流保护、两段（或三段，适用于10kV 分支处时）零序电流保护，其中过电流保护作为接地变压器内部相间故障的主保护和后备保护，零序保护作为接地变压器单相接地故障的主保护和系统各元件的总后备保护。低电阻接地系统母线连接元件（含站用变压器、电容器、并联补偿电抗器、出线）除了常规保护配置外，还应配置两段零序电流保护作为该元件的主保护和后备保护。

①变电站（开关站）零序电流Ⅱ段保护，架空线路的定值宜低于电缆线路定值，架空线路零序保护的定值宜考虑高阻接地下的正确动作，架空电缆混合线路的定值应根据实际情况设定。

②变电站线路带开关站时，可设置延时，以保证与开关站馈线零序保护之间的配合，开关站馈出线路的定值可低于变电站馈出线路的定值。

用户的零序保护整定，设置一段定时限零序过电流保护，电流定值按与上级配合整定，时间为 0s。

4）零序保护推荐值。各单位可根据上述要求，结合各自实际情况设计零序保护整定值，推荐使用以下整定值。

①10kV 出线。配置两段定时限零序保护，包括零序速断保护和零序过电流保护。零序速断保护：整定 120A（一次值，下同），带开关站时时间整定为0.5s，其余整定为 0.2s。零序过电流保护：电缆线路整定 60A，架空线路与架空电缆混合线路整定 20A，时间整定 1s。

②接地变压器。接地变压器设于主变压器 10kV 分支处时，配置三段定时限零序过电流保护，均整定 90A，一段整定 1.5s 跳相邻 10kV 母线；二段整定2s 跳变压器 10kV 侧断路器，同时闭锁相邻 10kV 母联自动投入；三段整定2.5s 跳变压器各侧断路器，同时接地变压器联跳。

接地变压器设于 10kV 母线时，配置两段定时限零序过电流保护，均整定

90A，一段整定 1.5s 跳相邻 10kV 母联断路器二段整定 2s 跳本母线变压器 10kV 侧断路器，同时闭锁相邻 10kV 母联自投。

低电阻（10Ω）接地系统中，接地变压器速断保护、过电流保护定值应考虑 10kV 馈出线等发生单相接地短路时，故障电流对接地变压器保护的影响。在能够保证灵敏度的前提下，建议定值（一次值）不小于 200A。

10kV 母联不设零序保护，若自投或手投于接地故障时，由相邻母线接地变压器零序过电流一段保护联跳。

③开关站的零序保护配置与整定。10kV 进线配置一段零序过电流保护，电流定值按与上级配合整定，如上级为电缆线路，整定 50A，时间 0.4s，动作后闭锁相邻母联自投。

10kV 出线配置两段定时限零序保护，包括零序速断保护、零序过电流保护。零序速断电流整定值 100A，时间整定值 0.2s。电缆线路的零序过电流整定值为 50A，架空线路与电缆混合线整定值为 20A，时间整定为 0.5s。

10kV 母联不设零序保护。

用户侧配置一段定时限零序过电流保护，电流定值按与上级配合整定，最大 40A，时间 0s。

5）对零序电流互感器的要求。宜在保护装置中设置零序电流保护专用通道；宜选用穿芯式零序电流互感器，从零序电流互感器上端引出的电缆接地线要穿回零序电流互感器接地。新建站宜选用封闭式互感器，改造可采用开合式（开启式），零序电流互感器内径根据需求确定。参数宜按以下要求选取。

①变电站用。馈线配置一般采用变比 50/1、100/1、150/1，容量 1VA（当二次线较长时，需要按 DL/T 866—2015《电流互感器和电压互感器选择及计算规程》对二次回路负荷进行计算确定），精确级 10P10（用于集成型保护装置）。无改造条件时，可采用变比 100/5、200/5，容量 10VA，精确级 10P5（用于电磁型保护装置）。接地变压器零序电流互感器配置采用变比 50/1，容量 2.5VA，精确级 10P20。

②开关站用。开关站零序电流互感器一般采用变比 50/1、100/1、150/1，容量 1VA。无改造条件时，可采用变比 100/5、200/5，容量 10VA，精确级 10P5（用于电磁型保护装置）。

③用户侧用。参考开关站配置。

6）对网架及其他设备的要求。低电阻接地系统中架空线路应采用绝缘导

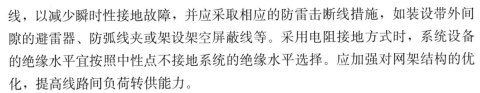

线，以减少瞬时性接地故障，并应采取相应的防雷击断线措施，如装设带外间隙的避雷器、防弧线夹或架设架空屏蔽线等。采用电阻接地方式时，系统设备的绝缘水平宜按照中性点不接地系统的绝缘水平选择。应加强对网架结构的优化，提高线路间负荷转供能力。

7）对低压配电系统的要求。当配电变压器保护接地采用等电位连接系统（含建筑物钢筋）时，或等效接地电阻不大于 0.5Ω 时，其保护接地可与工作接地共用接地网。对单独设置接地装置的配电变压器，其保护接地应与工作接地分开设置，间距经计算确定（接地电阻不大于 4Ω 时，建议分开距离不得小于 5m），工作接地采用绝缘导线引出后接地，保护接地设置在变压器安装处，两接地体间应无电气连接，防止变压器内部单相接地后低压中性线出现过高电压。

8）对运行的要求。低电阻接地系统必须且只能有一个中性点低电阻接地运行，正常运行时不应失去接地变压器或中性点电阻；当接地变压器或中性点电阻失去时，主变压器的同级断路器应同时断开。

当母线分段运行时，每条母线应有一组接地电阻投入运行。母线并列运行时，应投入运行的受总断路器所对应的接地电阻，不允许两组接地电阻长时间并列运行。电阻柜的日常维护工作应包括：检查正常运行时电阻柜的电压表、电流表近似为零；中性点及电阻柜外壳应接地良好，接地线无锈蚀；动作计数器读数是否正常；柜内设备外观正常，无异声、异味和过热的情况；每年不少于一次的清洁检查。

3 配电网新型接地技术

随着中压配电网的不断扩大，以及城市电力电缆线路的广泛使用，对地电容在电网发生单相接地故障时的短路电流引起的弧光过电压问题也日趋严重，直接威胁电力系统的安全可靠运行。为了解决系统中出现的这些问题，当时工业比较发达的德国和美国分别采取了不同的解决途径。德国为了避免对通信线路的干扰和保障铁路信号的正确动作，采用了中性点经消弧线圈的接地方式，自动消除瞬时单相接地故障；美国采用了中性点直接接地和经低电阻、低电抗等接地方式，并配合快速继电保护和开关装置，瞬间跳开故障线路。这两种具有代表性的解决办法一直持续至今，中性点经电阻接地方式在数十年的时间里，没有什么实质性的进步，但中性点经消弧线圈接地的技术装备有了很大改进。

近年来，部分研究学者围绕配电网新型接地技术，开展了系列的相关研究，在理论分析及工程实践等方面均取得了一些实质性的进展，为配电网的安全运行和提高供电可靠性做出了不懈努力。本章将从配电网柔性接地技术、配单网动态接地技术、配电网主动干预型消弧装置接地选线技术等方面介绍配电网新型接地技术。

3.1 配电网柔性接地技术

3.1.1 配电网柔性接地消弧原理

基于脉宽调制（PWM）有源逆变器向配电网注入一个零序电流，改变该电流的大小和方向可控制零序电压。通过对零序电压的控制，进行中性点位移电压的治理，破坏电弧重燃的条件，实现电压消弧。为减少注入容量，可采用有源逆变器与固定挡位的消弧线圈配合使用。

在图 3-1 所示柔性接地配电网中，$\dot{E}_A$、$\dot{E}_B$、$\dot{E}_C$ 分别为配电网三相电源电压,$\dot{U}_0$ 为中性点位移电压,$\dot{I}_i$ 为通过 PWM 有源逆变器注入的大小、方向可控的零序电流,Z_0 为传统配电网中性点接地阻抗,r_0 为配电网单相对地泄漏电阻,C_0 为配电网单相对地电容,R_d 为接地故障过渡电阻。

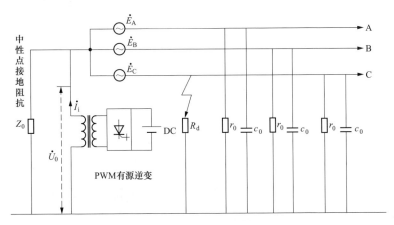

图 3-1 柔性接地配电网

取电源电动势 $\dot{E}_C$ 为参考方向,则注入电流 $\dot{I}_i$ 与故障相电压 $\dot{U}_C$ 的相位关系如图 3-2 所示。图中 $\dot{I}_C$ 表示对地电容电流,$\dot{I}_r$ 表示对地的泄漏电阻电流,注入电流 $\dot{I}_i$ 的相位与参考相量 $\dot{E}_C$ 的相位间相差约 $-107°$。

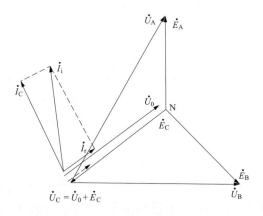

图 3-2 注入电流与故障相电压的相位关系

由基尔霍夫定律可知

$$\dot{I}_i = (\dot{E}_A + \dot{U}_0)\left(j\omega C_0 + \frac{1}{r_0}\right) + (\dot{E}_B + \dot{U}_0)\left(j\omega C_0 + \frac{1}{r_0}\right) +$$

$$(\dot{E}_{\mathrm{C}}+\dot{U}_0)\left(\mathrm{j}\omega C_0+\frac{1}{r_0}\right)+\frac{\dot{U}_0}{Z_0} \tag{3-1}$$

设三相电源对称，即 $\dot{E}_{\mathrm{A}}+\dot{E}_{\mathrm{B}}+\dot{E}_{\mathrm{C}}=0$，则有

$$\dot{I}_{\mathrm{i}}=\frac{\dot{U}_0}{Z_0}+\frac{3\dot{U}_0}{r_0}+\frac{\dot{E}_{\mathrm{C}}+\dot{U}_0}{R_{\mathrm{d}}}+\mathrm{j}3\dot{U}_0\omega C_0 \tag{3-2}$$

故障相电压 $\dot{U}_{\mathrm{C}}=\dot{U}_0+\dot{E}_{\mathrm{C}}$，则

$$\dot{I}_{\mathrm{i}}=\dot{U}_{\mathrm{C}}\left(\frac{3}{r_0}+\frac{1}{R_{\mathrm{d}}}+\frac{1}{Z_0}+\mathrm{j}3\omega C_0\right)-\dot{E}_{\mathrm{C}}\left(\frac{3}{r_0}+\frac{1}{Z_0}+\mathrm{j}3\omega C_0\right) \tag{3-3}$$

如果注入电流取值为

$$\dot{I}_{\mathrm{i}}=-\dot{E}_{\mathrm{C}}\left(\frac{3}{r_0}+\frac{1}{Z_0}+\mathrm{j}3\omega C_0\right) \tag{3-4}$$

则 $\dot{U}_0=-\dot{E}_{\mathrm{C}}$，故障相电压 $\dot{U}_{\mathrm{C}}=\dot{E}_{\mathrm{C}}+\dot{U}_0=0$，即故障相恢复电压恒为 0，破坏了电弧再次重燃的条件，从源头上实现电压消弧。式（3-4）中，强制故障相电压为 0 的注入零序电流大小 $\dot{I}_{\mathrm{i}}$ 与故障电阻无关，只需根据配电网中性点接地阻抗 Z_0、故障相电源电动势 $\dot{E}_{\mathrm{C}}$、配电网单相对地泄漏电阻 r_0 和配电网单相对地电容 C_0 进行计算。

针对图 3-1 所示的 10kV 配电网，消弧线圈过补偿度为 9.1%，阻尼率为 3.3%，采用表 3-1 所示参数，代入式（3-2）中，可得出注入电流 $\dot{I}_{\mathrm{i}}$ 与故障相电压 $\dot{U}_{\mathrm{C}}$ 的关系，如图 3-3 所示。

表 3-1   仿真线路参数

参数	取值（Ω）
r_0	6000
z_0	j75
r_{d}	100
C_0	15.9

由图 3-3 可以看出，当注入电流相角为 $-107°$、幅值为 14A 时，故障相电压为 0。通过注入零序电流强制故障相恢复电压恒为 0，则故障电流为 0，即注入电流补偿了故障电流的有功、无功和谐波分量，实现故障残流的全补偿，能有效克服现有基于消弧柜旁路故障点的无源电压消弧技术的不足。因此，通过注入电流，可以控制故障恢复电压，实现瞬时接地故障的 100% 熄弧。

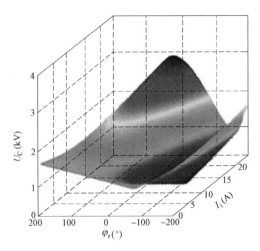

图 3-3 注入电流与故障相电压的关系

3.1.2 配电网柔性接地系统接地故障分析

在接地故障初始时刻，注入电流补偿接地故障全电流，控制零序电压，促使故障点电压为 0，实现瞬时故障 100% 消弧。一定延时后，进行接地故障判断，如果故障点已消弧，则故障消失，零序回路中的唯一激励是通过有源逆变器注入电流，根据电路的齐性定理：在线性电路中，当激励 I_i 增大或缩小 N 倍时，响应零序电压也将同样增大或缩小 N 倍。因此，减小注入电流，如果零序电压成正比例变化，则表明故障点已熄弧，判断为瞬时性故障；否则，判断为永久性故障，进行接地故障选线保护。

中性点非有效接地配电网发生单相接地故障时，接地故障电流小，保护灵敏度低。近年来，残流增量接地保护是一个发展方向，在经随调式消弧线圈接地配电网的永久性接地故障期间，改变中性点接地阻抗，增大故障残流，测量各条馈线的零序电流变化量，进行接地保护。该方法从源头上增大故障电流，提高故障特征量的测量精度，进而改善保护灵敏度，已实现工业应用。但此方法在保护过程中需要操作中性点接地阻抗，有可能影响故障消弧，产生谐波，限制了接地保护的精度。在配电网柔性接地方式下，通过 PWM 有源逆变器注入零序电流替代中性点接地阻抗操作，提高控制速度，减少暂态过程及其对故障消弧的影响，是实现残流增量接地保护的有效手段之一。

基于有源逆变器注入零序电流的接地保护原理如下：设配电网有多条馈

57

线，改变注入电流，导致零序电压变化量为 $\Delta \dot{U}_0$，则故障馈线 m 的零序电流 $\dot{I}_{0m}$ 为

$$\dot{I}_{0m} = \frac{\dot{U}_0}{\dot{Z}_{0m}} + \frac{\dot{E}_C + \dot{U}_0}{R_d}$$ (3-5)

式中 $\dot{Z}_{0m}$——馈线 m 的对地零序阻抗。

改变注入电流前后故障馈线 m 的零序电流变化量 $\Delta \dot{I}_{0m}$ 为

$$\Delta \dot{I}_{0m} = \frac{\Delta \dot{U}_0}{\dot{Z}_{0m}} + \frac{\Delta \dot{U}_0}{R_d}$$ (3-6)

任意正常馈线 n 的零序电流变化量 $\Delta \dot{I}_{0n}$ 为

$$\Delta \dot{I}_{0n} = \frac{\Delta \dot{U}_0}{\dot{Z}_{0n}}$$ (3-7)

式中 $\dot{Z}_{0n}$——馈线 n 的对地零序阻抗。

线路的零序阻抗值一般远大于故障点对地电阻值，即

$$\begin{cases} |\dot{Z}_{0n}| \gg R_d \\ |\dot{Z}_{0m}| \gg R_d \end{cases}$$ (3-8)

则故障馈线 m 的零序电流变化量远大于正常馈线 n 的零序电流变化量，即

$$|\dot{I}_{0m}| \gg |\dot{I}_{0n}|$$ (3-9)

据此，测量比较各条馈线的零序电流变化量，其中幅值最大的馈线为故障馈线。

3.1.3   配电网接地故障消弧方法实现

配电网接地故障消弧与保护方法的实现流程如图 3-4 所示。

首先连续测量配电网三相电压和零序电压，检测接地故障和故障相：当零序电压大于相电压的 15% 时，判定接地故障发生；比较三相电压大小，判定电压最低相为故障相。在故障发生初始时刻，向配电网注入电流，强制故障相电压和接地故障电流为 0。延时一段时间后，减小注入电流，如果零序电压与之成正比例减小，则说明故障点已消弧，判断为瞬时性故障，减小注入电流到 0，恢复配电网正常运行；否则判断为永久性故障，改变注入电流，比较各馈线零序电流变化量的幅值，判断电流变化量最大的馈线为故障馈线，断开断路器，

隔离故障馈线，恢复配电网正常运行。

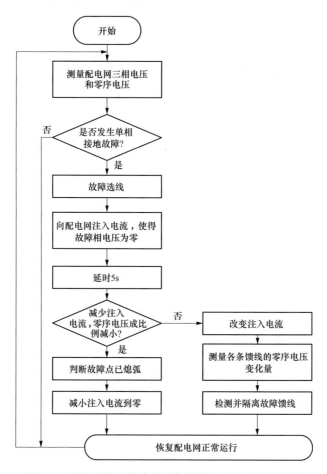

图 3-4　配电网接地故障消弧与保护方法的实现流程图

　　基于零序电压柔性控制的配电网接地故障消弧与保护新原理，以故障相电压为控制目标，通过注入电流控制故障相电压为 0，同时实现故障电流和故障相电压上升速度为 0，从源头上实现瞬时故障的 100％消弧。在接地故障发生后，经一定延时，控制电流注入，增大故障残流，精确测量零序电压和各馈线零序电流变化量。如果零序电压随注入电流呈线性变化，且相关直线通过坐标原点，则表明故障已经熄弧，减小注入电流到 0，恢复电网正常运行；否则判断为永久性接地故障，根据各馈线零序电流变化量判断故障馈线，隔离故障馈线，实现接地保护，动作灵敏度高。配电网接地故障消弧与保护新原理有望解决传统电流消弧法不能补偿有功残流、消弧效果有限和可靠性低的技术难题。

图 3-5 所示为新型柔性接地技术中主从式全电流补偿消弧线圈的简化模型。主消弧线圈为传统式消弧线圈，结构图中由电感 L 表示，它为系统提供能中和接地电容电流的电感电流。从消弧线圈为单相二极管钳位型桥式逆变器，它并联于主消弧线圈。从消弧线圈向系统输出反向接地残流，从而达到补偿接地残流的目的。

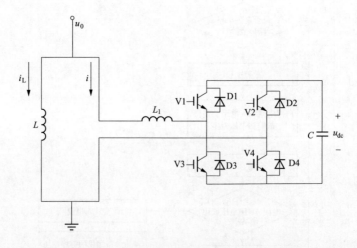

图 3-5 主从式全电流补偿消弧线圈的简化模型

1. 全电流补偿消弧线圈存在的不足之处

国内外学者在全电流补偿消弧线圈方面做了大量工作，结合全电流补偿消弧线圈的发展现况，将其存在的不足总结为以下几个方面：

（1）接地残流的检测与补偿过分依赖选线的正确性，若选线错误，则残流的推算和补偿均会出现错误；

（2）大部分研究忽略了单相接地故障系统的建模或者建模的准确度不够，这将直接导致残流的推算不准确；

（3）接地残流的检测过分注重快速傅里叶变换（FFT）等数学工具的使用，算法复杂且计算耗时长；

（4）将主消弧线圈和从消弧线圈分开控制，所以补偿动态性能和精度欠佳；

（5）忽略实际投入运行过程中增容改造的需求。

图 3-6 给出了中性点经全电流补偿消弧线圈接地系统的电压电流谐波等值

电路。为了清楚地看到消弧线圈是如何作用的,这里只对故障支路进行简化,非故障支路并没有参与分析。图中接地点电压所含谐波成分由 u'_x 表示,i'_{RE} 为接地残流,i'_{0h} 为故障馈出线零序电流互感器所测电流含有的谐波成分。从有源逆变装置的角度看,虚线框中的部分可等效为 RLC 并联负载,当电容电流处于欠补偿状态时呈容性,当电容电流处于全补偿状态时呈阻性,当电容电流处于过补偿状态时呈感性。

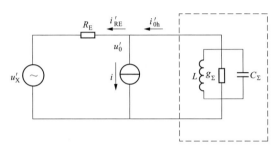

图 3-6 单相接地故障系统电压电流谐波等值电路图

由图 3-6 可知,若中性点采用全电流补偿消弧线圈接地且主消弧线圈对接地电容电流处于欠补偿状态,则对于全电流补偿消弧线圈中的从消弧线圈来说,零序阻抗是作为容性负载存在的。为了验证全电流补偿消弧线圈系统在使用有源逆变装置进行残流补偿时是否会有系统不稳定的问题,结合有源逆变装置的两种检测策略,对全电流补偿消弧线圈系统进行了基于开环传递函数相角裕度的稳定性分析。谐波检测方法对全电流补偿消弧线圈系统的有源逆变装置的控制策略有很大影响,两种谐波检测方法的介绍如下:

1)零序电流检测:检测流经零序电流互感器的电流 i_{0h},并从中提取谐波电流 i'_{0h}。

2)零序电压检测:检测系统零序电压 u_0,并从中提取谐波电压 u'_0。

考虑到图 3-6 中电压、电流的极性,时域中补偿电流 i 为

$$\begin{cases} i = i'_{0h} & (零序电流检测) \\ i = K_V u'_0 & (零序电压检测) \end{cases} \tag{3-10}$$

其中,K_V 量纲为 $1/\Omega$。

在这两种方法中,有源逆变装置本身是以输出 i 的电流源动作的。但对于零序电压检测方法,它却表现为一个值为 $1/K_V$(单位为 Ω)的纯电阻。

对电压和电流进行检测并从中提取谐波电压和电流是一个过程,实际工作

情况下的有源逆变装置不能忽略这一过程在时域中带来的延时。如果将延迟时间的影响通过一阶滞后系统来表征，那么这两种方法的补偿电流可表示为

$$
\begin{cases}
I(s) = \dfrac{1}{1+sT}I'_{0h}(s) & \text{（零序电流检测）} \\[3mm]
I(s) = \dfrac{K_V}{1+sT}U'_0(s) & \text{（零序电压检测）}
\end{cases}
\tag{3-11}
$$

$$
\frac{U'_0(s)}{I(s)} = \frac{1}{K_V}(1+sT)
\tag{3-12}
$$

式（3-12）存在于对零序电压进行检测的有源逆变装置中。当延迟时间被考虑时，动作时的装置表征为一个 RL 串联回路的感性负荷。回路参数为常数，表示为

$$
\begin{cases}
R = \dfrac{1}{K_V} \\[3mm]
L = \dfrac{T}{K_V}
\end{cases}
\tag{3-13}
$$

全电流补偿消弧线圈残流补偿的正反馈控制系统结构框图如图 3-7 所示。两种方法的系统开环传递函数为

$$
\begin{cases}
G_{0h}(s) = \dfrac{I'_{0h}(s)}{I(s)} & \text{（零序电流检测）} \\[3mm]
G_V(s) = \dfrac{U'_0(s)}{I(s)} & \text{（零序电压检测）}
\end{cases}
\tag{3-14}
$$

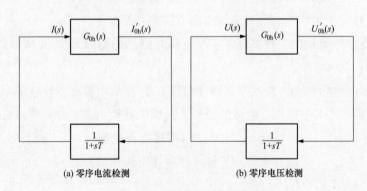

(a) 零序电流检测　　　　　　　　　　(b) 零序电压检测

图 3-7　正反馈控制系统结构框图

表 3-2 给出了电容电流全补偿和脱谐度 $\gamma = 8\%$ 的欠补偿两种状态下的 $G_{0h}(s)$ 与 $K_V G_V(s)$ 频率特性的相角裕度。$K_V G_V(s)$ 的幅频特性不受 K_V 取

值的影响，这里 $K_V=2$。由表 3-2 可知，在电容电流全补偿时，零序电流检测方法的相角裕度很小，远达不到工程上大于 30°的要求；电容电流欠补偿时，相角裕度会随欠补偿的程度变得更小，从而导致系统的不稳定。在系统忽略延迟时间时，使用零序电流检测的方法并没有给系统带来不稳定。系统不稳定或等幅震荡发生在 350～450Hz 的频率范围内，而零序电压检测方法拥有超过 90°的相角裕度，无论电容电流欠补偿的程度如何，均不会造成系统的不稳定。

表 3-2 使用两种检测方法时的相角裕度

检测方法	1 号馈出线故障		2 号馈出线故障		3 号馈出线故障	
	全补	欠补	全补	欠补	全补	欠补
零序电流检测	8°	5°	不稳定	不稳定	25°	不稳定
零序电压检测	124°	111°	96°	94°	99°	96°

根据上述内容，可知接地残流补偿的关键在于准确估算接地残流的大小，这要求接地残流检测或推算的方法不但能避免选线结果的干扰和系统的不稳定，而且所使用的对地参数值也是精确的。使用零序电压检测法，可以省略利用零序电流互感器测得的电流值推算接地点电流之前进行准确选线这一步骤，同时相角裕度较大，不会造成系统不稳定。与零序电流检测方法相比，它是一种更为理想的检测方式。

无论主消弧线圈为预调式或是随调式，在同等硬件和背景条件下，主消弧线圈的调谐过程、响应速度和动作成功率对从消弧线圈的补偿有很大的影响。全电流补偿消弧线圈系统的补偿目标是让接地故障点残流尽量小，同时要保证电网正常运行时不出现过大的偏移电压。所以，实际实施过程中可以在补偿系统控制器中加入各母线的联络状态和母线牵手转供电状态信号。这些信号作为判别电网运行方式变化的依据，对并联运行时电容电流值的准确测量、接地残流的补偿效果及熄弧的有效性起决定性作用。从消弧线圈的控制器可以依据这些输入量的变化来判断动作与否。主消弧线圈和从消弧线圈的补偿电流的输出是由其他程序设定，所以这种思路既能保证信号输出的同步，又能使从消弧线圈的动作不受主消弧线圈动作的影响，补偿效果更加理想。

基于电磁混合式消弧线圈（EHPC）的配电网如图 3-8 所示，$\dot{E}_A$、$\dot{E}_B$、$\dot{E}_C$ 分别为三相电源电压，L_m（或 L_0）为改进磁控电抗器（MCR）的电感值（或空载电感），I_i（或 I_f）为有源补偿器（APC）向中性点注入的电流（或变频电流），C_A、C_B、C_C 和 R_A、R_B、R_C 为配电网各相对地电容和对地泄漏电阻，R_d 为接地故障过渡电阻，$\dot{U}_0$ 为中性点位移电压，$\dot{U}_0'$ 母线零序电压，$\dot{I}_{jd}$ 接地故障电流。

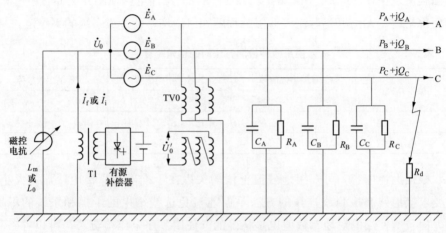

图 3-8 基于 EHPC 的配电网

根据是否发生单相接地故障，EHPC 有对地电容测量和全补偿故障消弧两种运行状态，对应的零序回路等效电路图分别如图 3-9 和图 3-10 所示。其中，C_0 和 R_0 为系统零序回路的等值电容和电阻（即 $C_0 = C_A + C_B + C_C$，$R_0 = R_A // R_B // R_C$），虚线框内为 EHPC 的等效电路。测量系统对地电容时，EHPC 等效为变频电流源和并联电抗；全补偿消弧时，EHPC 等效为可控电抗、并联电阻和谐波电流源。通过两种运行状态的相互切换，MCR 和 APC 的工作特性得到充分利用。

2. 对地电容测量模式

系统正常运行时，EHPC 处于对地电容测量模式，其等效原理图如图 3-9 所示，MCR 的空载电感 L_0 与系统对地电容 C_0 构成并联回路。经变压器注入变频恒流 I_f 搜索谐振频率，当达到回路的并联谐振频率时，中性点位移电压 $\dot{U}_0$ 的变频分量 $\dot{U}_f$ 为最大值，且满足关系式 $L_0 C_0 = 1/(2\pi f)^2$。

为了不影响系统的正常运行，注入的变频电流幅值较小，因三相对地电容不平衡（$C_A \neq C_B \neq C_C$）产生的不对称电压 $\dot{U}_{00}$，降低了信噪比，影响 $\dot{U}_f$ 的检测。泄漏电阻 R_0 较大，可忽略其对并联阻抗的影响，则母线零序电压为

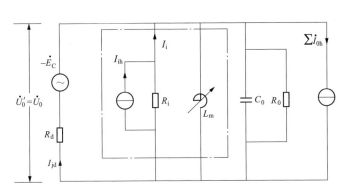

图 3-9　对地电容测量模式的等效电路

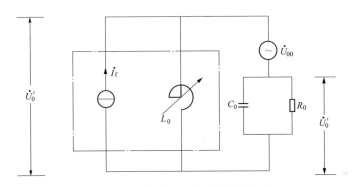

图 3-10　全补偿消弧模式的等效电路

$$\dot{U}_0' = \dot{U}_f - \dot{U}_{00} = \frac{\dot{I}_f}{\mathrm{j}\left(2\pi f C_0 - \dfrac{1}{2\pi f L_0}\right)} - \dot{U}_{00} \tag{3-15}$$

另外，在不对称电压的作用下，MCR 的空载电感 L_0 随两端电压有一定的非线性。优化 MCR 的铁芯结构和本体磁路，能够改善 L_0 的线性度。

如图 3-11 所示，u_0' 经抵消和带通滤波等信号调理处理得到变频分量有效值 U_f，通过变频和比较测得 U_f 的最大值 U_{fmax} 和对应的参数谐振频率 f_r。根据 f_r 和已知的空载电感值 L_0，则对地电容值为

$$C_0 = \frac{1}{(2\pi f_r)^2 L_0} \tag{3-16}$$

3. 全补偿故障消弧模式

基于 EHPC 的配电网中，C 相经过渡电阻 R_d 接地。由基尔霍夫定律可知

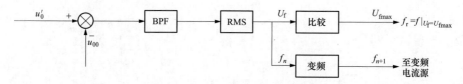

图 3-11 对地电容测量的原理框图

$$\dot{I}_i = (\dot{E}_A + \dot{U}_0)\left(jwC_A + \frac{1}{R_A}\right) + (\dot{E}_B + \dot{U}_0)\left(jwC_B + \frac{1}{R_B}\right) + \tag{3-17}$$

$$(\dot{E}_C + \dot{U}_0)\left(jwC_C + \frac{1}{R_C} + \frac{1}{R_d}\right) + \frac{\dot{U}_0}{jwL_m}$$

设三相电源对称 $\dot{E}_A + \dot{E}_B + \dot{E}_C = 0$，系统对地阻抗平衡 $C_A = C_B = C_C$，$R_A = R_B = R_C$，则有

$$\dot{I}_i = \dot{U}_0\left(jwC_0 + \frac{1}{jwL_m}\right) + \frac{\dot{U}_0}{R_0} + \frac{\dot{E}_C + \dot{U}_0}{R_d} \tag{3-18}$$

当 $wC_0 = \frac{1}{wL}$，$\dot{I}_i = -\frac{\dot{U}_0}{R_0}$，则 $\dot{U}_0 = -\dot{E}_C$ 且 $\dot{I}_{jd} = 0$。

若考虑接地故障电流的谐波分量，图 3-9 对应的零序回路等效电路如图 3-11 所示，EHPC 处于全补偿故障消弧模式。MCR 补偿对地电容电流；APC 相当于负电阻 R_i 和并联型有源电力滤波器（PAPF）的并联，在中性点注入负阻性电流和谐波电流 $\sum \dot{I}_n$。通过控制策略，EHPC 可将接地故障电流减小为零，使中性点位移电压幅值等于相电压，实现全补偿，同时达到电流消弧和电压消弧的效果。APC 不输出无功功率，其配置容量显著减小，一般不超过全补偿总容量的 10%，提高了运行可靠性。

$$S = \frac{U_{ph}^2}{R_0} + U_{ph}\sum \dot{I}_n \tag{3-19}$$

4. EHPC 的柔性控制策略

（1）谐波分量补偿控制策略。基于 EHPC 的配电网中，n 回出线中第 j 回出线的 C 相经电阻 R_d 接地时的谐波电流分布如图 3-12 所示。其中，所有正常线路的对地电流谐波分量之和为 $\sum\limits_{n \neq j} \dot{I}_{0nh}$，故障线路的对地电流谐波分量为 $\dot{I}_{0jh}$，则故障线路零序电流的谐波分量为

$$\dot{I}_{0jh} = \dot{I}_{0h} - \dot{I}_{0jh} = \sum\limits_{n \neq j} \dot{I}_{0nh} \tag{3-20}$$

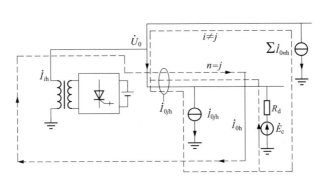

图 3-12 故障接地时的谐波电流分布图

通常，采用消弧接地方式的中低压配电网有出线多、分布广的特点，则 $\dot{i}_{0jh}$ 接近 $\dot{i}_{0h}$。接地故障电流有功和谐波分量的补偿控制如图 3-13 所示。以故障线路零序电流 $\dot{i}_{0j}$ 为反馈量，提取谐波分量 $\dot{i}_{0jh}$，以 $\dot{i}_{0jh} + i_{iR\_ref}$ 为参考量，采用 PWM 调制方式控制 APC 的输出电流，补偿接地故障电流的有功和谐波分量。由于 APC 的柔性控制技术与静止同步补偿装置（STATCOM）和有源滤波器（APF）类似，在此不予赘述。

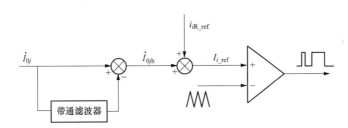

图 3-13 接地故障电流有功和谐波分量补偿控制框图

（2）全补偿故障消弧的控制流程。故障消弧的控制流程如图 3-14 所示。连续检测三相电源电压和中性点位移电压，实时测量对地电容值并预设开环补偿参数。当中性点位移电压大于 15% 相电压时，MCR 快速开环补偿，并根据中性点位移电压和三相电源电压的相位变化确定故障相。当开环补偿达稳态，MCR 启动闭环控制补偿容性电流，APC 注入负阻性电流闭环补偿阻性电流。在工频分量补偿过程中，采用适当的方法判定故障线路，实时跟踪故障线路的零序电流谐波分量补偿接地故障电流谐波分量，达到全补偿故障消弧。

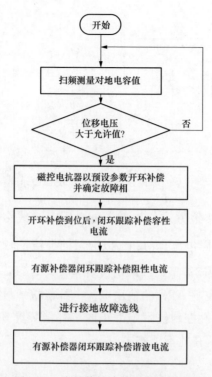

图 3-14　全补偿故障消弧的控制流程

3.2　配电网动态接地技术

3.2.1　动态接地装置的结构与原理

动态接地成套装置见图 3-15，由接地变压器和消弧线圈回路和电阻回路构成，两条回路可通过 QFD 和 QFR 进行切换。在电网当中并入接地装置之后，装置是以消弧线圈为初始状态。倘若当发生单相接地故障时，装置迅速开始进行检测，只要发现到电网当中的中性点位移电压 $U_N \geqslant U_Q$（U_N 为电网中性点位移电压，U_Q 为故障启动电压）时，便开始启动消弧线圈动作，对故障点提供补偿电流 I_L 开始补偿，目的是使补偿后的残流小于熄弧临界值 I_{HL}。

在处理故障时，装置还会对故障性质进行判断，而瞬时性故障的熄弧时间 t_D 与电网中性点位移电压 U_N 可作为判据。如果在时间 t_D 内，中性点位移电压 $U_N \leqslant U_H$（U_H 为故障恢复电压），若故障处绝缘水平恢复到正常，则判断为瞬时性故障。

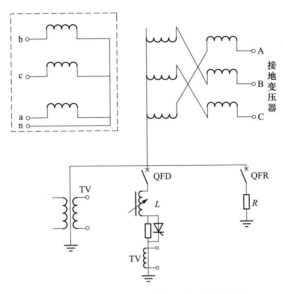

图 3-15　中性点动态接地改造原理图

若经 $t \geqslant t_D$ 后，中性点位移电压 $U_N \geqslant U_H$，则故障为永久性故障（判据 t_D 和 U_H 根据不同的电网绝缘工况通过实验室实验获得）。当判断为永久性故障时，此时装置就会闭合电阻回路的开关 QFR，断开消弧回路开关 QFD，在线动态转变为电阻接地模式，其次是经过各馈线的零序电流检测，加上零序电流比幅法，就能准确选出并切除故障线路。当故障处理完毕，便会再次检测电容电流，确认故障消失，装置立即复归到最初中性点经消弧线圈接地状态。

3.2.2　动态接地成套装置的特点分析

动态接地成套装置在处理单相接地故障时，首先工作于消弧线圈接地状态，如消弧线圈对故障点的残流控制得好，则补偿后的残流满足如下条件

$$I_\delta = I_C + I_L + I_\omega \leqslant I_{HL} \tag{3-21}$$

式中　I_δ——消弧线圈补偿后的残流，A；

　　　I_C——电网电容电流，A；

　　　I_L——消弧线圈补偿的电流，A；

　　　I_ω——电网谐波电流，A；

　　　I_{HL}——电网熄弧临界电流，A。

若故障为瞬时性故障，则一定会在时间 t_D 内熄灭，因而充分发挥了消弧线

圈在处理瞬时性故障时的作用。

若故障为永久性故障，则一定会经时间 t_D 后故障点电弧不熄灭，故障馈线流动的电流是经消弧线圈补偿后的残流，而该线路自身的电容电流，由于该电流可能比故障馈线中的电流大，也可能比故障馈线的电流小故障馈线流动的电流是经消弧线圈补偿后的残流，而该线路自身的电容电流可能比故障馈线中的电流大，也可能比故障馈线的电流小。因此，该方法并不适合采用零序电流比幅法作为选线方法，进而这种接地选线困难也变成了消弧线圈接地方式的主要缺点。由于不能及时选出故障线路，在发生人身触电时，就不能及时切断电源，这就是经消弧线圈补偿电网存在人身安全问题的主要原因。

动态接地成套装置在判断为永久性故障时，动态转换为电阻接地模式，此时流过故障馈线的电流 I_g 为

$$I_g = I_C + I_R \tag{3-22}$$

式中 I_R——中性点所接入电阻的阻性电流，A。

对于非故障馈线电流，是该线路自身电容电流，始终是低于故障馈线的电流，结合零序电流比幅法能够准确选出故障的线路。此时选出的线路已经判断为永久性故障线路，可以立即切除，从而保证电网和人身的安全。因而，动态接地成套装置在处理永久性接地故障时，解决了经消弧线圈接地方式的选线难题和人身安全问题。

在单相接地故障中，经低电阻接地方式是利用各馈线自带的零序保护，将故障线路处理切除，而电网馈线的零序保护皆有事先设置完成的整定值，一旦配电网发生突然单相接地故障，只要电流达到整定值就会启动零序保护开关，使故障线路跳闸。单相接地回路阻抗为

$$Z_H = Z_B + Z_L + Z_G \tag{3-23}$$

式中 Z_H——回路的阻抗，Ω；

Z_B——低电阻的阻抗，Ω；

Z_L——变电站的接地阻抗，Ω；

Z_G——故障点的接地阻抗，Ω。

其中流过故障馈线的零序电流为

$$I_0 = \frac{U_\varphi}{Z_H} \tag{3-24}$$

式中 U_φ——回路电动势。

然而线路当中发生的瞬时性故障绝大部分都是架空线路的绝缘子闪络。由

于架空线路杆塔接地装置的存在，故障点接地阻抗 Z_G 较低，源于架空线路杆塔接地装置存在，但故障馈线的零序电流反之较大，则足以启动零序保护开关动作的，使线路跳闸，进而大大降低了供电可靠性。

当发生人身触电或断线故障时，人体的阻抗在 1000Ω 左右，而人体的接地阻抗也通常大于 500Ω，因此属于高阻接地。当回路阻抗 Z_H 偏大些，致使流经故障馈线的零序电流偏小，满足不了零序保护动作的整定值，使零序保护"失灵"，线路不跳闸，人身不能及时脱离电源，因而低电阻接地方式不能解决人身安全问题。动态接地成套装置在处理永久性接地故障时，是通过接地选线的方法选出并切除故障线路，能够很好地降低人身安全风险。

3.3 配电网主动干预型消弧装置接地运行方式

经过多年不断的发展，消弧线圈装置取得了飞速发展，由手动调谐改进成自动调谐。跟踪电网电容电流自动调谐的装置又分为预调式和随调式。随调试消弧线圈在远离全补偿点的过补偿方式下，被调整到远离谐振点处，整定过补偿度大于 15%，这样可以避免在电网正常运行时电容电流变化引起的消弧线圈发生谐振引起中性点电压升高的问题。故障发生时再通过快速的自动跟踪补偿系统迅速调整到全补偿点上实施最佳补偿以实现消弧。它可完全避免谐振过电压的出现，但无法在故障发生后极短时间内完成熄弧，消弧线圈在单相接地故障发生后如果不及时采取动作，相当于完全不起作用，甚至会出现接地点电流放大（这取决于远离谐振点的程度）的问题，事实上，消弧线圈控制器识别单相接地故障和消弧线圈调整总是需要一定时间的。这显然不利于电弧的快速自熄，不利于保障故障点周围的人身安全。

实际运行经验证明，中性点经消弧线圈接地的电网，由单相弧光接地过电压造成的设备损坏及影响系统运行安全的事故仍时有发生。其原因是电网运行方式的多样化及弧光接地点的随机性，消弧线圈要对电容电流进行有效补偿确有难度，且消弧线圈仅仅补偿了工频电容电流，而实际通过接地点的电流不仅有工频电容电流，还包含大量的高频电流及阻性电流，严重时仅高频电流及阻性电流就可以维持电弧的持续燃烧。甚至在某些情况下，因消弧线圈的存在，电弧重燃可能在恢复电压最大这一最不利时刻才发生，使弧光接地过电压升高。同时，由于消弧线圈的影响，接地选线的正确性大大降低，不利于故障的查找和处理。

最早出现的小电流接地系统保护装置是绝缘监视装置，对接地保护原理和装置的研究早在 20 世纪 50 年代就开始了，研制出了根据接地电流的首半波极性进行选线定位的小电流接地系统的保护装置和利用零序电流五次谐波原理的接地选线装置。70 年代后期，上海继电器厂和许昌继电器厂等单位研制出一批具有选择性的接地信号装置。80 年代中期以来，随着微机的应用和推广，国内又相继研制出一批微机型接地选线装置，随之也出现了适合微机实现的选线理论，其中南京自动化研究院利用比较零序电流 5 次谐波的大小和方向的小电流接地系统单相接地选线装置；东北电力大学研制出通过无线电接收谐波电流，利用比相原理而实现的单相接地选线装置；山东大学研制出基于零序电流群体比幅原理的单相接地选线装置；华北电力大学研制出基于群体比幅比相原理以及利用零序电流 5 次谐波比相原理的接地选线装置；西安交通大学则提出了利用零序电流的 3、5、7 次谐波分量之和的相对比较法和自适应独立判别法进行选线的原理等。90 年代至今，又先后推出了基于有功功率法、S 注入法、小波分析法、接地残留增量法等原理的新型选线装置，并且分析故障暂态特征，应用数字信号处理技术的基于小波理论的选线装置也已产生。

长期以来，在单相接地故障处理方面的研究和关注点大都聚焦在单相接地选线和定位方面，已经取得了一些研究成果：如利用稳态量的方法，包括工频零序电流比幅法、工频零序电流比相法、零序导纳法、负序电流法、谐波分量法、零序电流有功分量法等；基于故障暂态信号的方法，包括首半波法、衰减直流分量法、参数辨识法、相电流突变法，故障录波上传比较法、行波测距法和行波极性法等；注入法，包括 S 注入法和中性点投入中电阻倍增零序电流的方法等。

按照熄弧原理，配电系统消弧方式大致可分为电流型消弧和电压型消弧。传统的中性点经消弧线圈接地方式属于电流型消弧，由于消弧线圈不能达到全补偿的目的，国内外学者尝试利用附加的电力电子器件组成补偿装置，对接地残流进行补偿，称为有源电流型消弧方式。有源电流型消弧方式仍然存在补偿电流有限、响应时间慢、依赖电流精确测量装置等诸多缺点，难以广泛应用。电压型消弧方式则是通过控制故障相恢复电压，抑制电弧重燃，从而达到消除电弧的目的。电压型消弧与故障电流大小无关，故障电流很大时也可以达到完全消弧，相比于电流型消弧方式有较大优势，已有装置投入使用并积累了一定的应用经验。

随着城市电网规模的日益增加，对供电可靠性要求也日益提高，安全可靠熄弧技术的研究将是未来的发展方向。近年来，主动干预型消弧装置逐渐开始使用。在配电网中性点不接地系统中，主动干预型消弧装置安装在变电站母线上，其转移消弧技术的原理是：在三相母线上分别安装快速开关，正常运行时快速开关均处于分闸状态。当线路发生单相接地故障时，通过母线分相开关主动将故障相接地，将故障点不稳定接地转化为站内稳定的金属接地，故障相的对地电压降为零，故障点电弧难以维持而熄灭，避免故障点接地电流引发的相间短路及人体触电等其他次生事故发生。

3.3.1 主动干预型消弧装置工作机制

主动干预型消弧装置应用于配电网单相接地故障中的工作原理示意图如图 3-16 所示。$\dot{E}_A$、$\dot{E}_B$、$\dot{E}_C$ 分别为配电网三相电源电压，TV 为电压互感器，$\dot{U}_A$、$\dot{U}_B$、$\dot{U}_C$ 分别为配电网三相母线电压，QFA、QFB、QFC 为受控制器分相控制的真空断路器，L1 到 Ln 为配电网的 n 条馈线，R_d 为故障点过渡电阻。

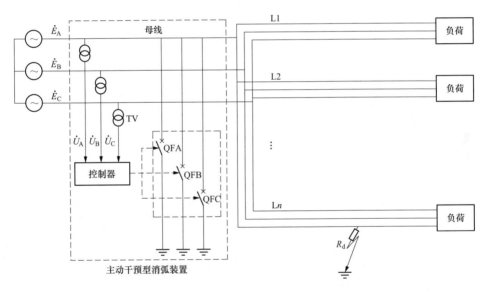

图 3-16　主动干预型消弧装置工作原理示意图

主动干预型消弧装置的工作流程是：位于变电站母线处的电压互感器将母线三相电压信号传送到控制器内，一旦配电网发生故障，控制器立即判别故障类型。若为单相接地故障（以 A 相发生单相接地故障为例），控制器立即判别故障相，并向故障相（A 相）对应的真空断路器（QFA）发出闭合动作指令，真空断路器（QFA）闭合，使故障相（A 相）在变电站母线处发生金属性短接。

变电站接地良好，母线处故障相经金属性短接后，母线处故障相电压可认为被钳制为 0，当忽略负荷电流引起的线路压降时，故障点电压可近似认为是 0。若故障点存在电弧，则电弧在自然熄灭后，采用金属性短接能有效地减小电弧复燃的可能性。

为判别单相接地故障是瞬时性接地故障还是永久性接地故障，真空断路器（QFA）闭合一定时间后会断开一次，以判别接地故障是否消失。若为瞬时性接地故障，则真空断路器（QFA）不再闭合，系统恢复正常运行；若为永久性接地故障，则真空断路器（QFA）闭合，系统工作在稳定的短接状态，并发出信号等待工作人员处理。

图 3-17 是装设主动干预型消弧装置的配电网系统单相（设为 A 相）接地后的电流分布示意图。

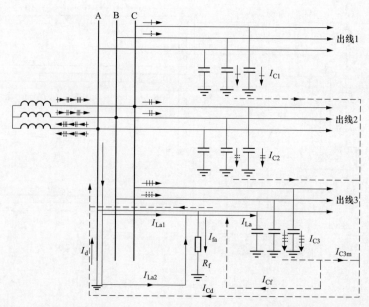

图 3-17　装设主动干预型消弧装置的配电网系统 A 相接地后的配电网电流分布图

图中 I_{C1}、I_{C2}、I_{C3} 分别为三条出线 1、2、3 对应的对地电容电流；I_{Cd} 为经金属性短接点返回的电容电流；I_{Cf} 为经故障点返回的故障馈线电容电流；I_{C3m} 为经金属性短接点返回的故障馈线电容电流；I_d 为母线金属性短接点上的电流；

I_{fa} 为故障点的电流；I_{La} 为故障馈线故障相负荷电流，经线路流向负荷的负荷电流为 I_{La1}，经母线金属性短接点、电缆线路的外皮（架空线路时经大地），经故障点流向负荷的负荷电流为 I_{La2}。

由于主动干预型消弧装置选相错误后会引发相间短路故障，对变压器等重要设备不利，需确保极高的选相正确率并采取限制相间短路的措施。配电网发生单相弧光接地故障时，通过母线处投入主动干预型消弧装置，旁路故障点，将弧光接地故障转化为金属性接地故障，实现接地故障转移，钳制故障相电压为零，从而阻止故障点电弧重燃以及弧光过电压的产生。采用主动干预型消弧装置进行消弧，可能会因为选相错误、两相相继故障引起两相接地短路故障；此外，故障馈线负荷电流可能流经故障点使得故障点电流增大，使故障点不易熄弧。

3.3.2　主动干预型消弧装置选相选线技术

1. 主动干预型消弧装置单相接地故障选相技术

正确选定故障相是主动干预型消弧装置正确动作的前提和基础，发生误选将引发更严重的相间短路故障。为提高故障选相准确率，可采用中性点附加电阻选相方法。该方法通过投切附加电阻，实现线路对地参数的快速估计，进而利用系统正常状态和故障状态下各相对地参数的变化差异，精确辨别故障相。仿真结果表明，此方法性能优于传统的相电压幅值比较法，在高阻接地和间歇性弧光接地时仍具有较高的选相准确率。

选相判断流程如下：电网发生单相接地故障时，只有故障相的对地参数发生改变，因此提出通过准确跟踪测量系统对地参数的变化，选出故障相。可通过中性点电压 $\dot{U}_0$ 对地参数的变化量（电容变化量 $C'_{\Sigma}-C_{\Sigma}$，电导变化量 $G'_{\Sigma}-G'$）构造处矢量 $\dot{\lambda}$，可利用 $\dot{\lambda}$ 相位判断故障相，考虑测量误差与模型误差，将相电动势 $\dot{E}_A$、$\dot{E}_B$、$\dot{E}_C$ 相位 $\pm20°$ 的范围作为该相接地开关的动作区域。

2. 基于低励磁阻抗变压器的主动干预型消弧装置的选线技术

（1）发生单相接地故障时接地消弧装置投入前后各出线的零序电流特性分析。发生单相接地故障时，非故障相容性电流通过大地流向故障点，即故障点电流为整个系统电容电流之和。

当接地消弧装置投入后，故障电流被转移到接地消弧装置，即故障线路零序电流由系统接地电容电流减少为该条出线的电容电流，非故障线路零序电流不变。

（2）接地选线的原理。基于上述分析，小电流接地系统单相接地故障，各线路对地电容电流与接地程度成正比的关系，提出了保护接地前后零序电流差值方程选线法。

$$\frac{U_0'}{U_0''}I_0' - I_0'' = \begin{cases} 0 & \text{非故障回路} \\ -I_J & \text{故障回路} \end{cases} \tag{3-25}$$

式中　U_0'——系统接地时的零序电压，V；

　　　U_0''——保护接地时的零序电压，V；

　　　I_0'——以每条线路而言，接地时的零序电流，A；

　　　I_0''——以每条线路而言，保护接地时的零序电流，A；

　　　$\dfrac{U_0'}{U_0''}$——接地程度系数；

　　　I_J——全网接地电容电流，A。

装置采用多重选线加权综合判别方法选择接地回路，利用装置动作特性的零序电流特征方程（零序电流矢量增量）进行选线。

3. 具备错相纠错功能的主动干预型消弧装置的选线技术

（1）装置的接线原理。具备错相纠错功能的主动干预型消弧装置的一次接线原理图如图 3-18 所示，其由下列主要元件构成：消弧软开关（由故障相接地开关 S1、S2、S3，接地软开关 S4，以及过渡电阻 R 构成）、带阻抗接地变压器 TE 及其投切三相一体式接触器 S5、主控制器等。

（2）选线的原理。利用零序电压凹陷特征零序电流变化趋势识别选线、选段技术在中性点短时接地产生的脉冲电流原理基础上利用零序电压凹陷特征零序电流变化趋势识别选线方法。

当小电流接地配电网系统发生单相接地故障后，在装置动作过程中，判断是瞬时或永久接地故障前，装置内带阻抗接地变压器的投入与故障相接地消弧开关打开时会产生系统零序电压凹陷特征（系统零序电压幅值短时下降），对于所有的正常支路而言，零序电流会出现由大变小的趋势；对于故障支路而言，故障点同装置内零序阻抗（中性点）构成零序回路，零序电流会出现由小到大的趋势，这样可明显区分故障线路与非故障线路的零序电流变化趋势，利用安装在各出线上的零序电流互感器信号进行识别出故障出线，并将结果用数字信号传输给控制单元，结果显示在客户端后台，大大提高了接地选线的准确率。

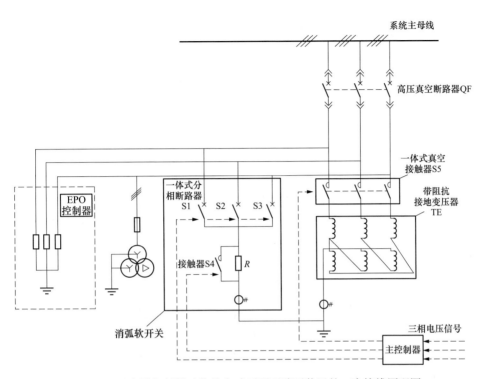

图 3-18　具备错相纠错功能的主动干预型消弧装置的一次接线原理图

4. 基于快速开关的主动干预型消弧装置的选线技术

如图 3-19 所示，基于快速开关的主动干预型消弧装置主要由电源模块、电流采集模块和显示输出模块组成。

装置启动运行后，系统实时监测各段的零序开口三角电压，一旦超过设定值立即启动该段的故障识别和接地选线功能。首先根据开口三角电压幅值和频率的变化，来区分接地故障、断线故障还是铁磁谐振故障。

如果是断线故障或铁磁谐振故障则立即发出故障报警信号，如果是单相接地故障，则根据单相接地故障主要特征量的横向比对和自身变化选出故障线路。

结合工频瞬态电流采集法和最大增量法，比对各条线路首半波零序电流的方向和均方根，验证系统确实发生接地故障上报故障号，避免断线故障和铁磁谐振时选线误报。

5. 基于智能电抗器接地保护的主动干预型消弧装置的选线技术

针对中性点不接地系统，装置在准确判断各种接地故障的基础上，采用了

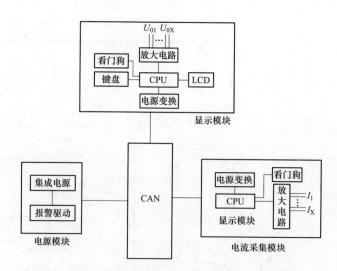

图 3-19　基于快速开关的主动干预型消弧装置内部结构图

零序电流群体比幅比相加零序电压相位的选线原理，当判断为单相接地故障发生时，启动对所有馈线的零序电流幅值排序，取幅值大的前四条馈线零序电流比相，若某电流与其他电流方向相反，并滞后零序电压相位约 90°，则判定该线路接地，否则为母线接地。

3.3.3　不接地系统接地故障仿真分析

为准确分析主动干预型消弧装置接入后的故障点电流，建立 10kV 配电网单相接地故障等效电路，主动干预型消弧装置动作后故障点电流示意图如图 3-20 所示。图中 $\dot{E}_A$、$\dot{E}_B$、$\dot{E}_C$ 分别表示三相电源电压；SA、SB、SC 为变电站母线处的主动干预型消弧装置的接地动作开关；I_L 表示中性点接地支路导纳，其不同取值则表示不同的接地方式；R 为站内接地电阻；R_d 为故障点过渡电阻；$\dot{I}_N$ 为系统中性点接地支路电流；$\dot{I}_{C\Sigma}$ 为系统总的电容电流；$\dot{I}_\Sigma$ 为 $\dot{I}_N$、$\dot{I}_{C\Sigma}$ 之和；β 表示 $\dot{I}_\Sigma$ 在故障点的分布，其取值范围为 $0 \leqslant \beta \leqslant 1$；$\dot{I}_{kf}$ 为线路压降在故障点与接地点构成的回路上产生的电流；$\dot{I}_{fc}$ 为故障点电流；$\dot{I}_k$ 为接地点电流。

由图 3-20 可知，流过实际故障点电流和主动干预型消弧装置接地开关的电流可表示为

$$\begin{cases} \dot{I}_{fc} = -\beta \dot{I}_\Sigma - \dot{I}_{kf} \\ \dot{I}_k = -(1-\beta)\dot{I}_\Sigma + \dot{I}_{kf} \end{cases} \tag{3-26}$$

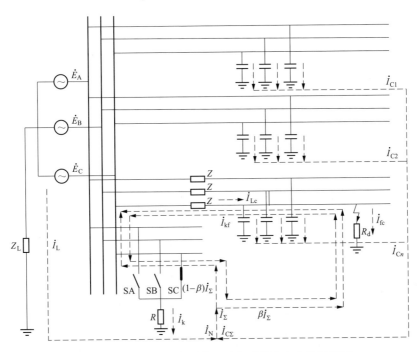

图 3-20 主动干预型消弧装置动作后故障点电流示意图

在单相接地故障点，由接地故障的边界条件可得

$$\begin{cases} \dot{U}_{\mathrm{fc}} = R_{\mathrm{d}} \dot{I}_{\mathrm{fc}} \\ \dot{I}_{\mathrm{fa}} = \dot{I}_{\mathrm{fb}} = 0 \end{cases} \tag{3-27}$$

式中　$\dot{U}_{\mathrm{fc}}$——故障点处 C 相（故障相）电压，kV；

　　　$\dot{I}_{\mathrm{fa}}$——故障线路 A 相电流，A；

　　　$\dot{I}_{\mathrm{fb}}$——故障线路 B 相电流，A。

对式（3-27）采用对称分量法进行分解可得

$$\begin{cases} \dot{U}_{\mathrm{fc}} = \dot{U}_{\mathrm{fc1}} + \dot{U}_{\mathrm{fc2}} + \dot{U}_{\mathrm{fc0}} = R_{\mathrm{d}} \dot{I}_{\mathrm{fc}} \\ \dot{I}_{\mathrm{fc1}} = \dot{I}_{\mathrm{fc2}} = \dot{I}_{\mathrm{fc0}} = \dfrac{1}{3} \dot{I}_{\mathrm{fc}} \end{cases} \tag{3-28}$$

式中　$\dot{U}_{\mathrm{fc1}}$——故障点处 C 相电压的正序分量，kV；

　　　$\dot{U}_{\mathrm{fc2}}$——故障点处 C 相电压的负序分量，kV；

　　　$\dot{U}_{\mathrm{fc0}}$——故障点处 C 相电压的零序分量，kV；

$\dot{I}_{fc1}$ ——故障点电流的正序分量，A；

$\dot{I}_{fc2}$ ——故障点电流的负序分量，A；

$\dot{I}_{fc0}$ ——故障点电流的零序分量，A。

长馈线情况下线路阻抗较大不能被忽略。因此，母线处（主动干预型消弧装置处）故障相电压可表示为

$$\dot{U}_c = \dot{U}_{fc} + \dot{I}_c Z l_z = R\dot{I}_k \tag{3-29}$$

式中　$\dot{U}_c$ ——母线处 C 相电压，V；

$\dot{I}_c$ ——故障线路出口处 C 相电流，A；

l_z ——故障点到母线之间的距离，m；

Z ——故障线路单位长度阻抗，Ω。

利用对称分量法，式（3-29）可改写为

$$\dot{U}_c = \dot{U}_{fc1} + \dot{I}_{c1} Z_1 l_z + \dot{U}_{fc2} + \dot{I}_{c2} Z_2 l_z + \dot{U}_{fc0} + \dot{I}_{c0} Z_0 l_z = R\dot{I}_k \tag{3-30}$$

式中　Z_1 ——故障线路单位长度的正序阻抗，Ω；

Z_2 ——故障线路单位长度的负序阻抗，Ω；

Z_0 ——故障线路单位长度的零序阻抗，Ω；

$\dot{I}_{c1}$、$\dot{I}_{c2}$、$\dot{I}_{c0}$ ——故障线路出口处 C 相电流的正序、负序及零序分量，A。

一般认为线路的正序阻抗和负序阻抗相等，即 $Z_1 = Z_2$，可得

$$\dot{U}_c = \dot{U}_{fc} + \dot{I}_c Z_1 l_z + \dot{I}_{c0}(Z_0 - Z_1) l_z = R\dot{I}_k \tag{3-31}$$

故障线路出口处 C 相电流 $\dot{I}_c$ 是由 C 相的负荷电流 $\dot{I}_{Lc}$、故障线路自身的电容电流 $\dot{I}_{Cn}$、故障点电流 $\dot{I}_{fc}$ 三部分构成，即

$$\dot{I}_c = \dot{I}_{Lc} + \dot{I}_{Cn} + \dot{I}_{fc} \tag{3-32}$$

故障线路出口处 C 相电流的零序分量 $\dot{I}_{c0}$ 由两部分构成，一部分是故障馈线电容电流 $\dot{I}_{Cn}$ 的 1/3，另一部分是故障点电流的零序分量 $\dot{I}_{fc0}$，即

$$\dot{I}_{c0} = \dot{I}_{Cn}/3 + \dot{I}_{fc0} = (\dot{I}_{Cn} + \dot{I}_{fc})/3 \tag{3-33}$$

可得故障点电流的表达式为

$$\dot{I}_{fc} = -\frac{(Z_0 + 2Z_1) l_z}{3(R_d + R) + (Z_0 + 2Z_1) l_z}\dot{I}_{Cn} - \frac{3Z_1 l_z}{3(R_d + R) + (Z_0 + 2Z_1) l_z}\dot{I}_{Lc}$$
$$- \frac{3R}{3(R_d + R) + (Z_0 + 2Z_1) l_z}\dot{I}_{\Sigma} \tag{3-34}$$

由式（3-36）可知，故障点电流 i_{fc} 主要和故障线路自身的电容电流 i_{Cn}、故障线路的负荷电流 i_{Lc}、系统电容电流与中性点接地阻抗电流之和 i_{Σ}、线路单位长度的零序阻抗 Z_0 和正序阻抗 Z_1、故障点到母线的距离 l_z、主动干预型消弧装置的接地电阻 R、故障点的接地电阻 R_d 等参数相关。

利用 PSCAD 建立 10kV 配电网仿真模型如图 3-21 所示。变压器变比为110kV/10kV，额定容量为 40 000kVA，系统为架空线电缆混合线路，电容电流为 65A。

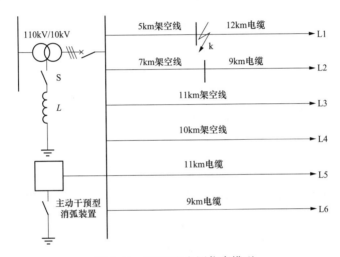

图 3-21　10kV 配电网仿真模型

设置故障线路 L1 的负荷电流的变化范围为 50～300A，故障距离的变化范围为 0～17km，故障电阻的变化范围为 1～1000Ω，按照概率均匀分布确定其具体数值，从而得到大量仿真算例形成的样本集合。

故障电阻 R_d 为 10Ω（低阻接地），主动干预型消弧装置在故障发生后50ms 投入，站内接地开关的电阻为 1Ω。在上述条件下，负荷电流 i_{Lc} 的变化范围为 0～600A，故障距离 l_z 的变化范围为 0～5km，故障点电流与负荷电流大小和故障距离变化的关系如图 3-22 所示。

从样本集合中选取典型的算例，对主动干预型消弧装置动作前后故障点电流进行分析，由图 3-23～图 3-25 可得消弧装置动作后的故障点电流与负荷电流、故障距离成正比，与故障电阻成反比。即重负载、长线路末端发生单相低阻接地故障时，投入主动干预型消弧装置不仅没有起到消弧作用，反而会进一

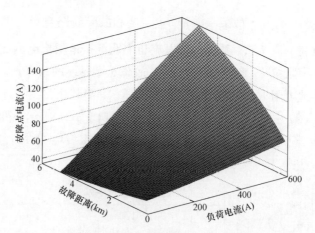

图 3-22　故障点电流与负荷电流和故障距离变化的关系

步增大故障点电流。

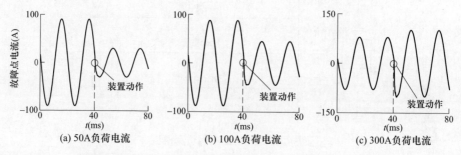

图 3-23　消弧装置动作前后故障点电流（仅负荷电流不同）

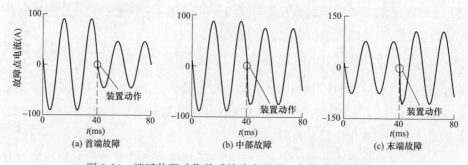

图 3-24　消弧装置动作前后故障点电流（仅故障位置不同）

1. 消弧能力对配电网的影响

主动转移型熄弧装置的消弧原理即通过在变电站内的母线处接入三组单相

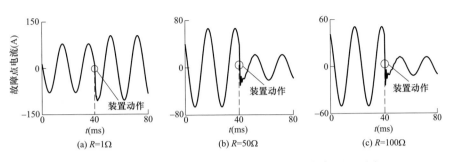

图 3-25　消弧装置动作前后故障点电流（仅故障电阻不同）

接地开关，当配电网某一相发生单相接地故障时，控制变电站内的故障相母线接地开关合闸，使故障相母线金属性接地，将故障接地点电流全部转移到变电站内母线金属性接地点，减小接地点电流并钳制故障相电压，使故障接地点电弧彻底熄灭。以 C 相发生单相接地故障为例，主动转移型熄弧装置的控制器在判定 C 相发生单相接地故障后，立即向 C 母线的单相接地开关 SC 发出合闸指令，使接地开关 SC 动作合闸，此时，变电站内的 C 相母线金属性接地。

在图 3-26 所示的中性点不接地系统中，假设某条线路的 C 相发生单相接地故障，流过故障接地点的电流 $\dot{I}_f$ 为

$$\dot{I}_f = -j3\dot{U}_0\omega(C_{0\mathrm{I}} + C_{0\mathrm{II}} + C_{0\mathrm{III}}) = -j3\dot{U}_0\omega C_{0\Sigma} \tag{3-35}$$

式中　　　　　　$\dot{U}_0$——系统零序电压，kV；

$C_{0\mathrm{I}}$、$C_{0\mathrm{II}}$、$C_{0\mathrm{III}}$——各条线路对地电容，F；

$C_{0\Sigma}$——系统对地电容之和，F。

发生单相接地故障时，流过故障接地点电流大小与系统的对地电容有关，当配电网中电缆线路增多时，系统的对地电容电流也随之增大。因此，采用电流型消弧方式时需要对故障接地点的电流进行复杂的追踪和补偿计算，存在一定的局限性。而采用主动干预型熄弧装置进行故障消弧时，当故障相母线金属性接地后，故障接地点的电流几乎全部被转移到变电站内母线金属性接地点，从而减小了接地点电流，同时故障相电压也被钳制为零，确保故障电弧有效熄灭，不会重燃。

主动干预型熄弧装置选择在变电站母线处控制故障相电压，主要是因为控制装置一般安装在变电站内，测量、维护比较方便。由于主动干预型消弧方式不受系统电容电流的影响，通过转移故障点电流，钳制故障相电压，可实现故障点电压和电流的"双重"消弧，避免了电流型消弧方式中对故障电流的复杂

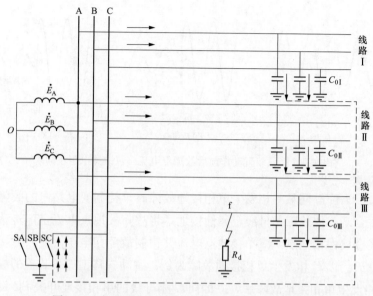

图 3-26　主动干预型消弧装置动作后的电容电流分布

追踪和补偿计算，而且消弧过程相对简单，响应时间短。

2. 消弧能力分析

（1）电阻接地时的消弧能力。为验证主动干预型消弧装置在电阻接地时的消弧能力，在 10A 系统、65A 系统、150A 系统和 10A 过补偿系统中，设置线路 2 的 A 相发生单相接地故障，故障发生后 100ms 主动干预型消弧装置动作，接地电阻的变化范围为 1~1000Ω，共进行 1000 组仿真实验，记录主动干预型消弧装置动作前后的故障点电流值。仿真结果如图 3-27 所示。

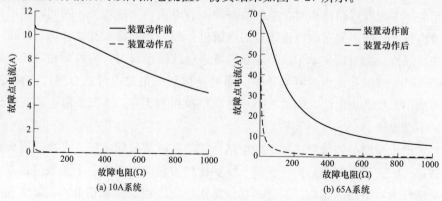

图 3-27　主动干预型消弧装置动作前后故障点电流变化（一）

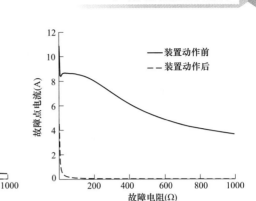

(c) 150A系统　　　　　　　(d) 10A过补偿系统

图 3-27　主动干预型消弧装置动作前后故障点电流变化（二）

由上图的仿真结果可以得出，主动干预型消弧装置不受系统电容电流和过渡电阻大小的影响，均能有效转移故障点的电流，达到较好的消弧效果。

（2）稳定燃弧接地时的消弧能力。为验证主动干预型消弧装置在稳定燃弧接地故障时的消弧能力，在 PSCAD 仿真软件中搭建 Mayr 电弧模型，设置线路 2 的 A 相发生单相接地故障，0.445s 时主动干预型消弧装置动作，记录主动干预型消弧装置动作前后的故障点电流值和接地电阻值。仿真结果图 3-28 和图 3-29 所示。

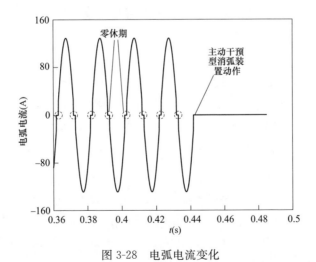

图 3-28　电弧电流变化

由图 3-29 可知，稳定弧光接地时电弧电流接近正弦波形，但在过零点处会有明显的零休期，0.445s 时主动干预型消弧装置动作，电弧电流立即被钳制为

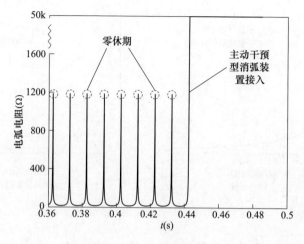

图 3-29　电弧电阻变化

零，转移到变电站母线接地开关处。由图 3-29 可知，在零休期内电弧电阻会有一个跃变，主动干预型消弧装置动作后，电弧立即熄灭，电弧电阻阻值接近于无穷大。由上述仿真结果可知，主动干预型消弧转置能有效处理稳定弧光接地故障，具有较好的消弧能力。

（3）间歇性弧光接地时的消弧能力。

1）工频燃熄弧能力分析。工频熄弧理论假定故障相 A 相在工频电压最大值发生绝缘击穿，接地电弧随之产生；但其熄灭不是在振荡电流过零，而是在工频电流过零时发生；每经过 0.5 个工频周期，接地电弧重燃 1 次。

仿真中假设在 A 相电压最大值（0.405s）发生单相弧光接地故障，在工频电流过零点（0.415s 处）熄弧。再经过半个工频周期（0.425s 处），A 相电压达到最大，此时电弧重燃，在 0.435s 处电弧熄灭。0.445s 时主动干预型消弧装置动作，闭合故障相母线处的接地开关，母线处三相电压波形和故障点处电流波形如图 3-30 和图 3-31 所示。

由图 3-30 可知，发生间歇性弧光接地故障时会产生一个较大的过电压，这将会影响系统的正常运行。0.445s 时主动干预型消弧装置动作，能够有效抑制间歇性弧光接地过电压。由图 3-31 可知，间歇性弧光接地时电弧电流具有间歇性和冲击性，峰值可达几百安培，主动干预型消弧装置动作后，立即钳制电弧电流为零。由上述仿真结果可知，主动干预型消弧转置能有效处理间歇性弧光接地故障，具有较好的消弧能力。

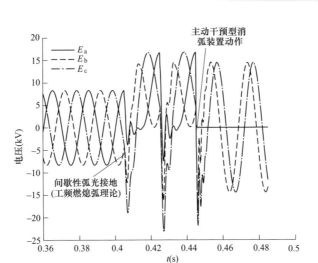

图 3-30　母线处三相电压变化

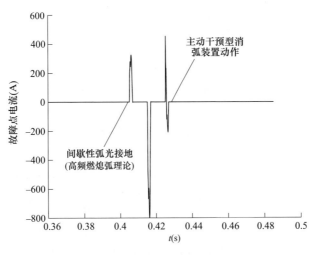

图 3-31　弧光电流变化

2) 高频燃熄弧能力分析。高频熄弧理论是假设 A 相电压为其峰值时发生第 1 次对地燃弧。通过对系统单相接地所产生的对地电流的波形，可分析得到接地产生的高频电流过零点的时间，再以此作为一次高频熄弧时刻，而故障点的电弧对地再次重燃，是假定高频振荡过电压在最大值时发生，即其后半个工频周期，在 A 相电压峰值处发生再次对地重燃，之后过程同上并重复。

仿真中假设在 A 相电压最大值（0.405s）发生单相弧光接地故障，在高频电流过零点（0.405 556s处）熄弧。在0.415s处，A相电压达到最大，此时电弧重燃，在0.415 554s处电弧熄灭。在0.425s时，主动干预型消弧装置动作，闭合故障相母线处的接地开关，母线处三相电压波形和故障点处电流波形如图3-32和图3-33所示。

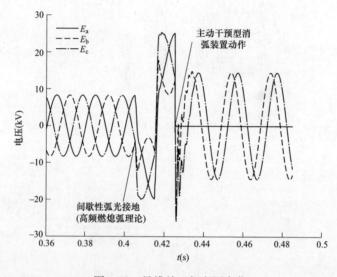

图 3-32　母线处三相电压变化

由图 3-32 可知，发生间歇性弧光接地故障时会产生一个较大的过电压，基于高频燃熄弧理论的过电压比工频燃熄弧的过电压更大，对系统的冲击更大。0.445s时主动干预型消弧装置动作，能够有效抑制间歇性弧光接地过电压。由图 3-33 可知，间歇性弧光接地时电弧电流具有间歇性和冲击性，峰值可达几百安培，主动干预型消弧装置动作后，立即钳制电弧电流为零。由上述仿真结果可知，主动干预型消弧转置能有效处理间歇性弧光接地故障，具有较好的消弧能力。

3.3.4　经消弧线圈接地系统接地故障仿真分析

1. 母线处三相电压特征

设置过补偿 10A 系统在 0.2s 分别发生单相金属性接地故障、低阻接地故障、高阻接地故障（低阻接地时过渡电阻为 300Ω，高阻接地时过渡电阻约为 2000Ω），0.3s时主动干预型消弧装置动作，过补偿和欠补偿系统的母线三相

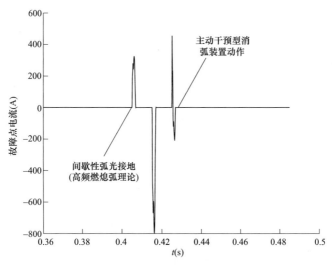

图 3-33　弧光电流变化

电压波形分别如图 3-34 和图 3-35 所示。

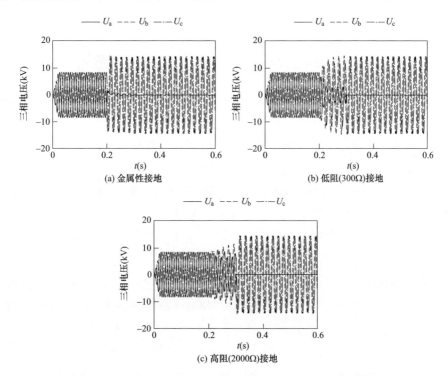

图 3-34　过补偿 10A 系统单相接地时母线三相电压波形图

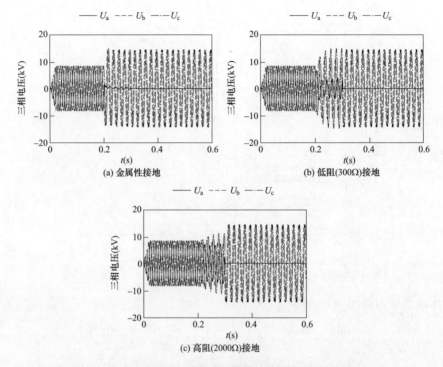

图 3-35　欠补偿 10A 系统单相接地时母线三相电压波形图

（1）随着过渡电阻的增大，单相接地故障发生后，故障相电压由零逐渐增大，高阻接地时，故障相电压和非故障相电压幅值相近。

（2）主动干预型消弧装置接入后，立即钳制故障相电压接近于零，非故障相上升为线电压。

（3）过补偿系统在 0.2～0.3s 之间（即单相接地故障期间），故障相（A相）的后一相（B相）的幅值保持最大；而在欠补偿系统中，故障相（A相）的前一相（C相）的幅值保持最大。

2. 故障线路和健全线路的零序电流特征

设置过补偿 10A 系统、欠补偿 10A 系统在 0.2s 发生单相金属性接地故障，0.3s 时主动干预型消弧装置动作，故障线路和非故障线路零序电流波形如图 3-36 所示。

设置补偿 10A 系统、欠补偿 10A 系统在 0.2s 发生低阻接地故障（中性点电压二次侧电压为 80V），此时过补偿 10A 系统、欠补偿 10A 系统的过渡电阻约为 300Ω，0.3s 时主动干预型消弧装置动作，故障线路和非故障线路零序电

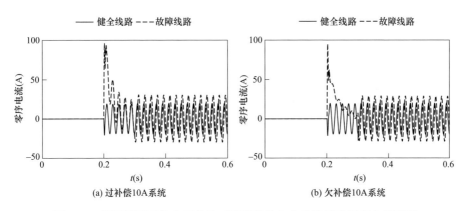

图 3-36 消弧线圈系统金属接地时故障线路和非故障线路零序电流波形

流波形如图 3-37 所示。

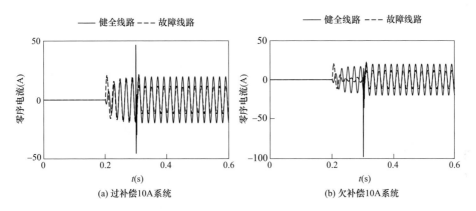

图 3-37 消弧线圈系统低阻接地时故障线路和非故障线路零序电流波形

设置过补偿 10A 系统、欠补偿 10A 系统在 0.2s 发生高阻接地故障（中性点电压二次侧电压为 20V），此时过补偿 10A 系统、欠补偿 10A 系统的过渡电阻约为 2000Ω，0.3s 时主动干预型消弧装置动作，故障线路和非故障线路零序电流波形如图 3-38 所示。

由上述分析可知，故障发生后，故障线路和健全线路均出现零序电流。在过补偿系统中，健全线路和故障线路的零序电流相位相同；在欠补偿系统中，健全线路和故障线路的零序电流相位相反。主动干预型消弧装置动作后，无论是在欠补偿系统还是过补偿系统中，故障线路和健全线路的零序电流相位均相同。

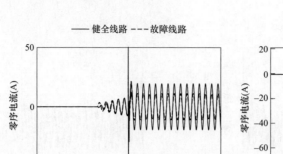

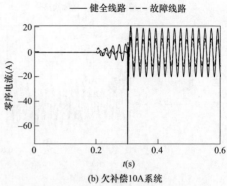

(a) 过补偿10A系统   (b) 欠补偿10A系统

图 3-38　消弧线圈系统高阻接地时故障线路和非故障线路零序电流波形

4 配电网传统接地方式故障处理

电力系统中配电线路的单相接地故障是一个难题，由于配电网大多采用中性点非有效接地方式（即中性点不接地或经消弧线圈接地）且经常伴有电弧，发生单相接地故障时其故障点的定位和处理尤为复杂。配电网的中性点接地方式分为直接接地、经消弧线圈接地、经电阻接地和不接地四种。选择中性点接地方式，需考虑供电可靠性（如停电次数、停电持续时间、影响范围等）、安全因素（如熄弧和防触电的处理速度、跨步电压等）、过电压因素和继电保护的方便性等。

GB/T 50064—2014《交流电气装置的过电压保护和绝缘配合设计规范》推荐了国内配电网中性点接地方式的选择原则：当单相接地电容电流不大于 10A 时，可采用中性点不接地方式；当超过 10A 又需在接地故障条件下运行时，应采用中性点谐振接地方式。Q/GDW 10370—2016《配电网技术导则》则对上述原则做了进一步细化，规定：当电容电流小于 10A 时，推荐采用中性点不接地方式；当电容电流在 10～150A 时，推荐采用中性点经消弧线圈接地方式；当电容电流大于 150A 时，可考虑采用中性点经低电阻接地方式。

现实情况是，国内配电网大多采用中性点非有效接地方式（包括中性点不接地方式和经消弧线圈接地方式），只在电缆化率比较高的区域采用中性点经低电阻接地方式。中国在配电网单相接地故障检测和故障处理领域已经取得了大量研究成果，根据所采用信号的不同大致可分为利用外加信号法和故障信号法两类方法。其中，外加信号法分为强注入法和弱注入法两大类；故障信号法分为故障稳态信号法和故障暂态信号法两大类。本章将从配电网单相接地故障特征分析、选线技术、故障定位技术以及故障处理技术评价 3 个方面详细介绍配电网单相接地的故障处理技术。

4.1 配电网单相接地故障选线技术

4.1.1 传统选线技术方法

1. 零序电流有功分量法

流过各个配出线的零序电流中不仅包含无功分量，还包含微小的有功分量，而有功分量是没有被消弧线圈补偿掉的，这就为零序有功分量法提供了理论基础。非故障线路零序电流的有功分量仅包含本支路的对地电阻电流，由于对地电阻很大，所以其含量非常低；而故障线路零序电流的有功分量相对较高，不仅非故障线路的零序有功分量流过故障线路，消弧线圈等值阻尼电阻产生的有功电流也流过故障线路。在数值上，故障支路的有功电流比非故障线路的要大，从相位上而言，两者也是恰好相反的。原理上该方法正确可行，但是由于各线路零序电流有功分量非常小，难以准确提取，使得实际应用中也出现了相应的问题，因此该方法的可靠性很难保证。

2. 5 次谐波法

各线路中的零序电流既包含基波分量，又存在一定的谐波分量，其中含量最多的为 5 次谐波。基波零序电容电流被消弧线圈尽数补偿掉，而随着频率的增加，消弧线圈的感抗剧增，产生的谐波感性电流远低于电容电流。因此，可以通过比较各支路零序电流中谐波分量的大小与相位进行选线。但是该方法同样存在问题，主要是因为系统中 5 次谐波的含量相较于其他次谐波的含量高，但是相对于基波而言其含量很小，因此，零序 5 次谐波电流方向法的灵敏度受到很大的限制，比零序电流方向法低得多，所以该方法不具有较大的应用价值。

3. 负序电流法

发生单相接地故障后，故障点将会产生负序及零序电流，零序电流只能在零序回路中流通，而负序电流仅在故障线路中流通，根据这一原理，对各支路的负序电流进行检测，负序电流最大的线路为故障线路。该方法从原理上分析是可行的，但是当系统对地参数不对称或者是负荷存在不平衡现象时，系统中会产生自然存在的负序电流，会对负序电流选线法产生干扰，容易发生误判。

4.1.2 综合选线技术

为了适用于各种复杂的故障情况，可行的办法就是将多种选线方法进行集成来构造一种综合选线技术。每一种选线方法需要利用的故障信号特征是不同的，所需要的故障信号特征可以看作该方法的适用条件，针对某个故障信号，一种方法的适用条件可能不满足，但其他方法的适用条件可能能够满足，几种方法覆盖的总的有效区域必然大于单个方法的有效区域，这样可以充分利用各种选线方法在选线性能上的互补性，从而扩大正确选线的范围，提高选线结果的正确性，这就是使用多种选线方法进行综合选线的优势。

1. 选线方法有效域

为了将多种选线方法进行有效集成，必须对各个选线方法的适用条件进行定量的描述，因此本章定义了选线方法的有效域概念：能够使某个选线方法正确选线的故障信号的特征称为该选线方法的有效域。选线方法的有效域意味着当一个实际故障信号特征落在某个选线方法有效域内时，该选线方法就一定能够做出正确的判断；当落在这个方法的有效域外时，该方法可能正确，也可能错误。

2. 粗糙集理论

粗糙集理论是一个处理不确定性的数学工具，无须任何先验信息，如概率论中的先验概率、模糊理论中的隶属度函数等，能有效地分析和处理不精确、不一致、不完整的数据，并从中发现隐含的知识，揭示潜在的规律。

（1）知识的基本概念。设研究对象的非空全域为 U，对于任何子集 $X\subseteq R$，可称之为一个 U 上的概念或范畴。概念的集合称为 U 上的知识。论域 U 的一个划分就是将论域分成几个不相关的子集。划分（分类）方法的集合称为 U 上的知识库。由此可知，概念是属于同类事物的集合，知识是一种分类能力，而知识库是不同分类方法构成的集合。定义 R 代表论域 U 中的一种关系，它可以是一种属性的描述，也可以是属性集合的描述，因此在下面的论述中，R 等价关系、R 属性或者知识 R 都是指同一个概念。论域 U 的一个分类方法即相当于建立了一个等价关系 R，在该分类下的一个概念 X 相当于一个等价类，用 $[X]_R$ 表示；用 $U\,|\,R$ 表示根据关系 R，U 中对象构成的所有等价类族。一个知识库可以表示为 $K=(U,R)$，其中 U 为论域，R 是 U 上的等价关系族。设 $P\subseteq R$ 且 $P\neq\varnothing$，则 P 中所有等价关系的交集也是一个等价关系，称为 P 上的不可分辨（indiscernible）关系，记作 ind(P)，即

$$[X]_{\text{ind}(P)}=\bigcap\,[X]_R\,U\,|\,P \tag{4-1}$$

这样，$U\,|\,\text{ind}(P)$［等价关系 ind(P) 的所有等价类族］定义为与等价关系 P 的族相关的知识，称为 P 基本知识。为了简便起见，$U\,|\,\text{ind}(P)$ 即为 $U\,|\,P$，

$ind(P)$的等价类称为知识 P 的基本概念或基本范畴。

(2) 不精确范畴与粗糙集。令 $X \subseteq U$，且 R 为一等价关系，当 X 能用 R 属性集确切描述时，X 可用某些 R 基本集合的并集来表达，称 X 是 R 可定义的，否则 X 为 R 不可定义的。R 可定义集也称作 R 精确集，而 R 不可定义集也称作 R 非精确集或 R 粗糙集。

设 R 知识库 K 上的一个等价关系，对于 U 上的一个子集 X，可以根据知识 R 用两个子集来描述集合 X，即

$$R_-(X) = \bigcup \{Y \in U \mid ind(R) : Y \subseteq X\} \tag{4-2}$$

$$R^-(X) = \bigcup \{Y \in U \mid ind(R) : Y \cap X \neq \varnothing\} \tag{4-3}$$

式 (4-2) 和式 (4-3) 分别称为 X 的 R 下近似、X 的 R 上近似。下近似也称为正域$pos_R(X)$，$pos_R(X) = R_-(X)$。

进一步定义负域$neg_R(X)$和边界域$bn_R(X)$为

$$neg_R(X) = U - R^-(X) \tag{4-4}$$

$$bn_R(X) = R_-(X) - R^-(X) \tag{4-5}$$

下近似由知识 R 的所有等价类中一定能划入 X 的等价类的元素组成，表示由知识 R 对 X 可精确划分的元素最大集合。上近似由 R 的等价类中与 X 有公共元素的等价类的元素组成，表示含有 X 的 R 最小可定义集。负域表示根据知识 R 能精确地划分到 X 补集上的元素集合。

(3) 知识和范畴的简化。知识和范畴的简化是粗糙集理论的核心内容，下面介绍相关概念。

1) 知识的简化。令 R 为一等价关系族，$r \in R$，当 $ind(R) = ind(R - \{r\})$，称 r 为 R 中可省略的，否则 r 为 R 中不可省略的。当对于任一 $r \in R$ 均为 R 中不可省略的，则族 R 为独立的。令 $Q \subseteq P \subseteq R$，当 Q 独立且 $ind(Q) = ind(P)$时，称 Q 为 P 的简化，记作 $red(P)$。P 中所有不可省略关系的集合称为 P 的核，记作 $core(P)$。P 的核为 P 中所有简化的交集，$core(Q) \cap red(P)$。

2) 知识的相对简化。令 P 和 S 为 U 中的等价关系族，S 的 P 正域［记作$pos_P(S)$］定义为

$$pos_P(S) = \bigcup P_-(X), X \in U \mid S \tag{4-6}$$

对于 $U \mid P$ 的分类，$U \mid S$ 的正域指的是：论域中所有通过分类 $U \mid P$ 表达的知识能够确定地划分 $U \mid S$ 类对象的集合。当 $P - \{r\}$ 不改变 S 的 P 正域，称 r 为 P 中 S 可省略的，否则 r 为 P 中 S 不可省略的。当 P 中每一个 r 都为 S 不

可省略的，则称 P 为 S 独立的。P 中所有 S 不可省略关系族称为 P 的 S 核，记为 $\mathrm{core}_S(P)$。

3）范畴的简化。令 $F=\{X_1,X_2,\cdots,X_n\}$ 为一集合族，$X_i\subseteq U$。当 $\bigcap(F-\{X_i\})=\bigcap F$ 称 X_i 为 F 中可省略的，反之 X_i 为 F 中不可省略的，当 $G\subseteq F$ 中所有分量都不可省略，G 为独立的，否则 G 是依赖的。当 G 是独立的，且 $\bigcap G=\bigcap F$，则 G 是 F 的简化。F 中所有不可省略集族称为 F 的核。这里 $\bigcap F$ 表示集合族 F 中所有集合交集的元素构成的集合。

（4）决策表知识表达系统。决策表是一类特殊而重要的知识表达系统，它指当满足某些条件时，决策（行为）应当怎样进行。决策表是一张二维表格，每一行表示一条决策规则，决策表的列表示属性，一个属性对应一个等价关系。决策表的属性分为两种，即条件属性 C 和决策属性 D，两种属性 $\mathrm{ind}(C)$、$\mathrm{ind}(D)$ 的等价类分别为条件类和决策类。决策表作为一种知识表达系统，能够进行知识和范畴的简化，称为决策表的约简。

3. 基于粗糙集理论的选线方法有效域

为了更好地对故障信号特征做出合理的分析和归纳，需要从实际发生的故障样本出发，采用基于故障样本的建模方法。一个故障样本就是一次故障录波数据，基于故障样本的建模就是通过收集故障数据，对数据进行归纳、整理，从数据中提取有用信息，揭示故障规律，来认识并完善选线方法的有效域。

4. 不协调决策规则的处理方法

在决策表中，很有可能出现不协调的决策规则，因此应当对不协调决策规则进行有效处理。对于一个具体情况，首先分析样本是否有误，若发现有误，则设法修复或剔除有误样本；若确认无误，则进一步分析其他原因。若离散间隔过大，可按条件属性的重要程度大小逐次地对条件属性的离散间隔减半，直到决策规则协调，同时更加深入地分析信号特征，发现新的条件属性。

5. 确定选线方法有效域算法流程

基于粗糙集理论确定选线方法有效域的算法流程如下：

（1）整理观测记录数据。单相接地故障包括瞬时性接地故障和永久性接地故障两种，瞬时性接地故障没有经过验证，不能作为决策样本；永久性接地故障得到了验证，可以作为决策样本。由于永久性接地故障可以持续相当长的时间，故障过程中的波形数据都是样本，所以少量几次永久性接地故障可以产生丰富的样本数据。

（2）设计决策表。决策表的设计在于条件属性和决策属性的设计，决策属性表述为选线方法的正确与否。

（3）样本数据输入。将样本数据的信号特征和选线结论以代码的形式输入到决策表的条件属性和决策属性中，决策表的每行代表一个决策规则。

（4）决策表简化。利用知识的简化方法，对决策表的条件属性进行简化，消去某些不必要的条件属性，利用范畴的简化方法消去决策规则中的属性冗余值。同时消去重复行，最终得到约简后的决策表。

（5）对不协调决策规则进行概率表达。

4.1.3　连续选线技术

永久性单相接地故障发生后可以带故障运行 1～2h，在这么长的时间内故障信号不是一成不变的。所有的数字式选线装置都是在故障发生后，通过模数转换（A/D）采样器件采集一个时间片段的波形数据进行选线分析，这个时间片段一般是 5～10 个周波。由于单相接地故障信号微弱，易受到外界的各种噪声干扰，此时利用该信号进行选线的误选可能性就非常高。通过对故障持续过程中的故障波形研究发现，有些时段信号确实不利于选线，但更多的时段信号能够反映故障特征且适于选线。因此，如果能将单相接地故障持续过程中的信号进行充分利用，那么选线正确性将得到很大提高。一个可行的替代方法就是故障发生后，每间隔一段时间进行一次数据采集和选线，只要故障不消失，选线就不停止，这就是连续选线的概念。

1. 连续选线的信息融合模型

（1）信息融合概念。信息融合也称多传感器信息融合，或数据融合。概括地说，就是对不同信息源或传感器采集的数据按既定的规则进行互联、相关、估计及结合，以实现对处理对象精确和全面的描述，信息融合技术按融合信息的层次结构可以划分为三种基本融合类型，即数据层融合、特征层融合和决策层融合，如图 4-1 所示。

图 4-2 所示为一个复杂工业过程智能控制系统中多传感器信息融合应用范例。

（2）单相接地故障选线的信息融合模型。回顾单相接地故障选线技术的发展历程，自动选线技术已经经历了三个阶段。第一个阶段是孤立选线方法阶段，典型方法是零序电流过电流保护和零序无功方向保护；第二个阶段是群体信号选线方法阶段，典型方法是群体比幅比相法；第三个阶段是多种选线方法集成阶段。从信息融合的观点看，这三个阶段正是按照信息融合的层次发展

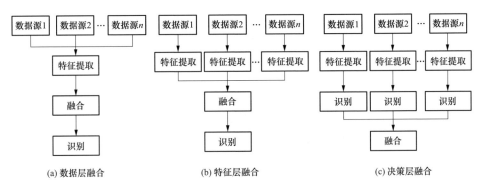

图 4-1 信息融合的 3 种层次结构

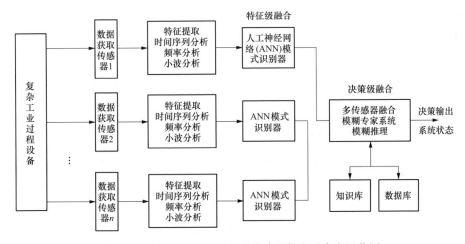

图 4-2 复杂智能控制系统的多传感器信息融合应用范围

的。孤立选线方法使用单一信息，没有信息融合。群体信号综合选线技术综合考虑了各线路零序电流、母线零序电压等多个数据，体现了数据层的信息融合技术，其信息融合模型可以表示为图 4-3。

多种选线方法集成可以认为是一种特征层的信息融合。在这种选线方式中，整个电网各条线路的测量数据汇集在一起，各种选线方法对信号分别提取所需特征，最终所有特征共同参与了选线。这种选线方法使得选线决策能够从被识别对象全局状况出发，综合考虑了多个测点数据，从各个角度提取信号的特征，因此选线正确性有了极大的提高，其信息融合模型可以表示为图 4-4。

连续选线方法是在多种选线方法综合集成的基础上，进一步研究如何充分利用故障持续过程中的有用信息进行选线。连续选线方法可以看作选线技术发

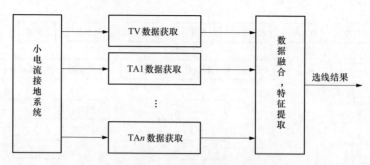

图 4-3 群体信号选线的信息融合模型

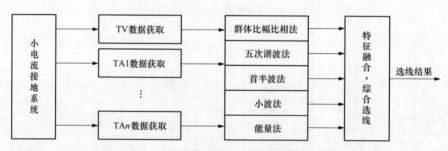

图 4-4 多种选线方法集成的信息融合模型

展的第四个阶段,从信息融合的角度来说,连续选线方法是信息融合的第三个层次,即决策层信息融合。连续选线的信息融合模型可以表示为图 4-5。基于决策层信息融合技术的连续选线方法只对各个决策单元,即每一次选线的决策结果进行融合,而不需要考虑决策单元所使用的原始数据或提取的信号特征。

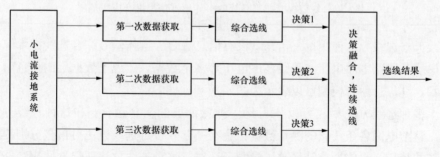

图 4-5 连续选线的信息融合模型

2.连续故障度概念

连续故障度是定义在 $[0, \infty)$ 上的实变量,用来定量描述一条线路在连续进行 $K > 0$ 次选线后的可能为故障线路的度量,线路的连续故障度越大,表明该线路越可能是故障线路。连续故障度与单次故障度之间具有密切的联系，从信息融合的角度来说，针对某一个故障样本的一次选线结果（即一组单次故障度）就是一个知识源，连续选线结果就是多个知识源的融合，最终以各条线路连续故障度的形式表达。

3. 基于 D-S 证据理论的连续选线方法

信息融合过程包括知识源的获取、知识源的结合推理、融合结果的决策表示三方面内容，其中知识源的结合推理方法是信息融合的关键。下文重点介绍利用 D-S 证据进行推理的技术，即如何利用多组单次故障度求得连续故障度。

（1）D-S 证据理论简介。D-S 证据理论是度量信任的形式化理论，该理论的要点是把基本概率分配给一个集合的幂集的成员，应用 Dempster 规则组合两个信任函数。

设有一个判决问题，在证据理论中，对于该问题的所有可能的判断结果的集合称为识别框架，用 Θ 表示。Θ 中的元素满足两两互斥，且对被识别对象是完备的。令 $\Theta = \{\theta_1, \theta_2, \cdots, \theta_n\}$，$\Theta$ 中的元素 θ_i 就是一个判决问题中所有可能的结果，或者说做出判断或决策的结论。那么，所关心的任一命题，都对应于 Θ 的一个子集。Θ 中的元素 θ_i 称为 Θ 的一个单子，只含一个单子的集合称为单子集合。证据理论研究的基本问题是：已知识别框架，判明一个先验未知对象属于 Θ 中某个子集 A 的程度。

定义 1：给定识别框架 Θ，在 Θ 的幂集 2^Θ 上定义函数 $m(\cdot)$ 使 $2^\Theta \to [0,1]$，并满足

$$m(\phi) = 0 \tag{4-7}$$

$$\sum_{A \subseteq \Theta} m(A) = 1 \tag{4-8}$$

$m(A)$ 即 2^Θ 上的基本概率分配函数，又称 BPA（basic probability assignment）函数，称 $m(A)$ 为 A 的基本概率值 BPN（basic probability number）。若 $m(A) > 0$，则称 A 为焦点元素。用 $m(\Theta)$ 表示分配给不确定（ignorance）的概率为

$$m(\Theta) = 1 - \sum_{A \subseteq \Theta} m(A)\Theta \tag{4-9}$$

表明证据理论将不确定的概率分配给了整个识别框架。

定义 2：信任函数 Bel（belief function）定义为 $2^\Theta \to [0, 1]$，对任意 $A \subseteq \Theta$ 有

$$\text{Bel}(A) = \sum_{A \subseteq \Theta} m(B) \tag{4-10}$$

$\text{Bel}(A)$ 即 A 的信任度，即对 A 的幂集 2^A 中的元素的基本可信度分配之和。由定义可知 $\text{Bel}(\phi) = 0$，$\text{Bel}(\Theta) = 1$。而 $\text{Bel}(\overline{A})$ 表示对 $\overline{A}$ 的总的信任程度，即对 A 总的不信任程度。其中 $\overline{A}$ 表示 A 的补集，它满足 $A \cup \overline{A} = \Theta$，$A \cap \overline{A} = \phi$。Bel 函数也称为下限函数，表示命题成立的最小不确定支持程度。

信任函数 Bel 具有下述性质：信任函数为递增函数，即若 $A_1 \subseteq A_2 \subseteq \Theta$，则 $\text{Bel}(A_1) \leqslant \text{Bel}(A_2)$，$\text{Bel}(A) + \text{Bel}(\overline{A}) \leqslant 1$。

定义 3：似真函数 Pl（plausible function）定义为 $2^\Theta \to [0, 1]$，对任意 $A \subseteq \Theta$ 有

$$\text{Pl}(A) = \sum_{B \cap A \neq \phi} m(B) \tag{4-11}$$

$\text{Pl}(A)$ 即 A 的似真度，似真函数也称上限函数。信任度 $\text{Bel}(A)$ 表示明确支持 A 所表达命题的所有命题的信任度之和，而似真度 $\text{Pl}(A)$ 表示潜在支持 A 的所有命题信任度之和，信任度和似真度具有下述性质：$\text{Pl}(A) + \text{Pl}(\overline{A}) \geqslant 1$，$\text{Pl}(A) \geqslant \text{Bel}(A)$，$\text{Pl}(A) = 1 - \text{Bel}(\overline{A})$。

Dempster 证据合成法则是反映证据联合作用的一个法则，可概括如下：设 Bel_1 和 Bel_2 是同识别框架 Θ 上基于不同证据的两个信任函数，m_1 和 m_2 分别是与其相对应的基本概率分配函数，焦元分别为 A_1、A_2、$\cdots$、A_m 和 B_1、B_2、$\cdots$、B_m，设 $\sum\limits_{A_i \cap B_j = \phi} m_1(A_i)m_2(B_j) < 1$。那么，由两个不同证据的基本概率分配函数 m_1、m_2 合成的基本概率分配法则为

$$m(C) = \begin{cases} 0, C = \Theta \\ K^{-1} \sum\limits_{A_i \cap B_j = C} m_1(A_i)m_2(B_j), C \neq \phi, C \subseteq \Theta, K = 1 - \sum\limits_{A_i \cap B_j = \phi} m_1(A_i)m_2(B_j) \end{cases}$$

$$\tag{4-12}$$

其中，K 为规范数，它的作用是把空集所丢弃的概率按比例分配到非空集上，以满足 BPA 函数的要求。这种组合运算称为正交和，正交和算子用符号"$\oplus$"表示，所以组合表达式可简写为 $m = m_1 \oplus m_2$。

式（4-12）中证据的结合与运算次序无关，因此，多个证据结合的计算可以用两个证据结合的计算递推得到，有

$$m = [(m_1 \oplus m_2) \oplus \cdots \oplus m_k] \tag{4-13}$$

可以证明式（4-12）的合成 $m(C)$ 仍然满足 BPA 函数的定义。

（2）连续选线问题中识别框架的构造。应用证据建立信息融合推理模型的一般过程是：根据具体问题形成识别框架；根据具体问题中获取的知识，构造 BPA 函数；由 BPA 函数确定各个命题的基本概率分配值 BPN 和信任度，使之符合具体问题的实际要求；按照证据组合规则进行证据组合，即信息融合；根据证据合成后的各命题的信任度按拟订的决策规则做出最终决策。

设系统共有 N 条线路，给每条线路进行编号，用数组 Line 表示各条线路，分别为 Line(1)、Line(2)、Line(3)、…、Line(N)。

为保证名称的统一，给母线编号为 Line(0)，则识别框架为 $\Theta=\{\text{Line}(k)|$ $k=0,1,2,\cdots,N\}$。

在选线问题中，本章限定命题只能是单子集合，即命题集合只能为 $K=$ $\{\{\text{Line}(0)\},\{\text{Line}(1)\},\{\text{Line}(2)\},\{\text{Line}(3)\},\cdots,\{\text{Line}(N)\}\}$。

这个约束意味着选线结论只能提供一条线路发生故障的信任度，不考虑两条及两条以上线路同时发生故障的情况。以两点同相接地为例，简化故障等值电路如图 4-6 所示，设中性点不接地系统有 3 条线路，线路 1 和线路 2 发生同相接地，接地电阻分别为 R_1 和 R_2。

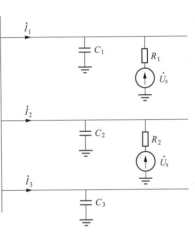

图 4-6　两点接地故障简化等值电路

分析稳态的情况，由这个电路很容易看出，在不同的线路参数和故障电阻下，两个故障电流的幅值和相位可以出现任意值。定性的分析结果是，如果线路 3 的电容电流较大，则两个故障零序电流 $\dot{i}_1$ 和

$\dot{i}_2$ 同相，滞后母线零序电压 90°，由故障点流向母线，并注入线路 3；如果线路 2 的电容电流较大，则线路 2 的零序电压源不足以提供本身的零序电流，此时故障零序电流 $\dot{i}_1$ 由故障点流向母线，并注入线路 2 和线路 3，零序电流 $\dot{i}_2$ 和 $\dot{i}_3$ 同相，超前母线零序电压 90°，定量的计算需要综合考虑线路电阻、电感、电容及接地电阻等参数，通过仿真及物理试验证明了这个分析结果。

（3）连续选线问题中 BPA 函数的构造。就选线问题而言，在一个样本内部，单次故障度非常小的线路肯定不是故障线路，这是确定性事件，其基本概率值应赋为 0。由于一条线路当其单次故障度很小时，只能证明自己不是故障线路，而不能确定哪一条线路是故障线路。因此，如果单次故障度 FM(k) 不大于 10%，且其值在各条线路中排名没有列入前 $N/2$ 位，则该线路肯定不是故障线路，其基本概率值为 0，而其单次故障度 FM(k) 的值分配到整个识别框架 $m(\Theta)$ 上。

这样，定义命题"线路 k 发生故障"的基本概率分配函数为

$$m(k)=\begin{cases} \text{FM}(k),A=\{\text{Line}(k)\} \\ 0,A=\{\text{Line}(k)\},\text{FM}(k)<0.1\text{ 且 order}(k)<N/2 \\ 1-\sum_{k=0}^{N}m(\{\text{Line}(k)\}),A=\Theta \end{cases} \tag{4-14}$$

式中 order(k)——线路单次故障度的排序。

连续选线过程中，针对每个故障样本求得的各线路单次故障度均按式（4-14）进行改进，构造基本概率分配函数。

（4）连续选线问题中的证据合成及决策规则。针对每一次的故障采集样本，综合选线技术计算得到各线路的单次故障度，按式（4-14）构造出基本概率分配函数，这就是一个证据。多次选线得到了多个证据，应用 Dempster 组合规则对这些证据进行组合推理，就能够计算出包含所有证据信息的综合证据。D-S 证据理论要求证据是独立的，具有同等的重要程度。

令 $h_0=\{\text{Line}(0)\}$、$h_1=\{\text{Line}(1)\}$、$\cdots$、$h_j=\{\text{Line}(j)\}$ 为选线识别框架 Θ 上的单子集。设进行了 4 次连续选线，其基本概率分配函数分别为 m_1、m_2、m_3、m_4，则对于每次的具体故障样本，可以得出这样一些基本概率值。

证据组合的任务就是求出多个证据组合后的基本概率分配函数，由于证据组合满足结合律，即

$$m=m_1\oplus m_2\oplus m_3\oplus m_4=[(m_1\oplus m_2)\oplus m_3]\oplus m_4 \tag{4-15}$$

这样，计算多个证据组合的复杂性就可以通过两个证据组合的递推计算来化解。根据式（4-12）描述的两个证据组合算法，有

$$m_{12}(h_0)=m_1(h_0)\oplus m_2(h_0)=K^{-1}\sum_{x\cap y=h_0}m_1(x)m_2(y)$$

$$=k^{-1}[m_1(h_0)m_2(h_0)+m_1(h_0)m_2(\Theta)+m_1(\Theta)m_2(h_0)] \tag{4-16}$$

其中

$$K=1-\sum_{x\cap y=\phi}m_1(x)m_2(y)=1-[m_1(h_0)m_2(h_1)+m_1(h_0)m_2(h_0)+\cdots$$

$$+m_1(h_0)m_2(h_j)+m_1(h_1)m_2(h_0)+m_1(h_1)m_2(h_2)+\cdots$$

$$+m_1(h_1)m_2(h_j)+\cdots+m_1(h_j)m_2(h_{j-1})] \tag{4-17}$$

依此类推，可求出 $m_{12}(h_0)$、$m_{12}(h_1)$、$\cdots$、$m_{12}(h_j)$ 两个证据组合后具有的不确定概率为

$$m_{12}(\Theta) = 1 - \sum_{x=h_0}^{h_j} m_{12}(x) \tag{4-18}$$

同理可求出 $m_{123}(h_0) = m_{12}(h_0) \bigoplus m_3(h_0)$，$\cdots$，$m_{123}(h_j) = m_{12}(h_j) \bigoplus m_3(h_j)$，以及 $m_{123}(\Theta) = 1 - \sum_{x=h_0}^{h_j} m_{123(x)}$，并进一步按式（4-16）递推求出 4 个证据组合后总的基本概率值 $m(h_0)$、$m(h_1)$、$\cdots$、$m(h_j)$、$m(\Theta)$。

依据信任度和似真度的定义，根据式（4-9）和式（4-10）容易得出本问题中选线命题 h_k 具有的信任度和似真度分别为

$$\mathrm{Bel}(h_k) = m(h_k) \tag{4-19}$$

$$\mathrm{Pl}(h_k) = m(h_k) + m(h_\Theta) \tag{4-20}$$

根据连续故障度的概念，本章定义各条线路的连续故障度就是各条线路所代表命题的信任度，最终结果为 $m(h_0)$、$m(h_1)$、$\cdots$、$m(h_j)$。最终选线决策规则为：故障线路具有最大连续故障度；不确定度 $m(\Theta)$ 不大于某一阈值 ε。

（5）连续选线的算法流程。基于 D-S 证据理论的连续选线决策按以下步骤实现：

1）装置实时采集母线零序电压及各回线路零序电流数据，在内存中按一定长度的数据窗动态存储数据。

2）发生单相接地故障后，由母线零序电压越限信号触发装置，装置随即保存故障发生后 4~10 个周波的故障数据。

3）应用多种选线方法综合分析故障数据计算出各条线路的单次故障度，并构造基本概率分配函数 m_1。

4）延迟一定时间（比如 1s）后判断故障是否消失，若没有消失则重新采集 10 个周波的故障数据进行计算，构造基本概率分配函数 m_2。

5）应用 Dempster 组合规则计算 m_1 与 m_2 合成的基本概率分配函数，并计算各条线路的连续故障度。

6）利用选线决策规则进行分析判断，确定故障线路。

7）保存合成的基本概率分配函数 m，为下一次连续选线做准备。

依此类推，不断刷新合成的基本概率分配函数 m 及各线路的连续故障度，进行单相接地连续选线。

4.2 配电网单相接地故障定位技术

4.2.1 传统的故障定位方法

早期的定位方法主要是通过人工巡线的传统方法和通过检测信号（故障后本身信号在线路上的特征或注入特殊信号）在线路上的分布情况来实现定位。随着配电自动化的大力发展，利用线路上安装的馈线终端单元作为检测点，再由主站确定故障区段的方法逐渐成为主要的研究方法，但实际效果也不是太理想。

1. 基于稳态分量的传统定位方法

（1）有功分量法。由于线路存在对地泄漏电导，以及在小电流接地系统发生单相接地故障后消弧线圈的补偿作用均使得故障零序电流中出现有功分量，可以利用零序电流中含有有功分量的这一特征进行故障区段定位。非故障线路和故障点下游产生的零序电流有功分量的方向与故障点上游零序电流的有功分量的方向相反，且故障点上游零序电流有功分量比其他故障路径零序电流幅值大。该方法的缺点是一般架空线路阻尼率很低，导致故障电流中存在有功分量幅值非常小，难以保证区段定位的精度。该方法的应用在获得零序电流的同时，必须获得零序电压信号，考虑经济成本与技术原因，无法在配电线路中大量装设零序电压互感器。

（2）谐波法。在小电流接地系统发生单相接地故障前后，谐波分量会使消弧线圈的感抗增大，而线路的容抗减小。因此，会导致消弧线圈无法补偿故障电流中存在的谐波分量，从而出现欠补偿的情况。由于故障产生的 5 次谐波在高次谐波中幅值最大，在 5 次谐波的作用下消弧线圈对于 5 次谐波零序电流的补偿作用减小为原来的 1/25，补偿效果可以忽略不计。因此常常使用 5 次谐波作为故障区段定位的判据，即故障点上游零序电流中 5 次谐波分量幅值最大，并且滞后 5 次零序谐波电压 90°。健全出线及故障点下游 5 次谐波零序电流幅值较小，相位与故障点上游 5 次谐波零序电流相反。因此，可以综合比较 5 次谐波零序电流和电压的幅值与相位，来确定故障线路及故障区段。但是，故障信号本身幅值较小，5 次谐波则更难以检测和提取，使得该方法定位准确性不足，灵敏度不高。

（3）中电阻法。中电阻法是当配电网经过一定延时确认发生永久性接地故障时，在消弧线圈通过旁路开关并联一个阻值适当的电阻，由于电阻产生有功电流只会在故障线路和故障点的上游产生，因此只要通过确认此电流的流向就可来判断故障线路。此方法既有消弧线圈补偿接地电容电流的特点，又对系统的脱谐度没有影响，得到了比较理想的效果。但中性点并联电阻阻值较难整定，整定不当会过大地增加故障电流，增大故障点电弧重燃的安全隐患。此外，该方法对瞬时性故障和弧光接地故障效果不佳。

2. 基于暂态分量的传统定位方法

（1）首半波法。首半波法是利用故障点上游暂态零序电流和故障点下游、健全线路暂态零序电流初始极性相反的特点，进行小电流接地系统发生接地故障时的故障选线与区段定位。当单相接地故障发生在故障相电压接近最大值的瞬间，此时全网故障相电容电流通过故障线路流向故障点放电。配电网暂态零序电流和零序电压的首半波之间存在着固定的相位关系，在故障点上游两者极性相反，在非故障线路和故障点下游两者极性相同，由此可进行故障选线和区段定位。但该方法本身存在局限性，只适用于相电压最大值发生接地故障时，而且对于要求测量波形极性时间非常短暂，远小于故障暂态过程，且受配电网参数影响，现场无法实际应用。

（2）行波法。行波法利用故障所产生的行波信号进行故障区段定位。当配电网任一点发生任何类型故障时，都会在配电线路中产生暂态行波信号。因此在理论上可以利用行波信号从故障点出发到达指定端点的时间实现各种类型故障的测距。行波法主要分为两种，一种为单端法，主要基于暂态行波信号在故障点与母线之间往返一次时间的计算，来确定故障线路与故障区段，通常选用 A 型行波；另一种为双端法，主要基于暂态行波信号到达线路两端时间差计算，确定故障线路与故障区段，通常选用 B 型行波。行波法成功应用于超高压、特高压输电线路。但配电线路相比于超高压、特高压输电线路，其构成更为繁杂，此方法对于反射行波波头的识别，以及架空、电缆混合线路波阻抗变化的应对，效果不够理想。

（3）相电流突变法。当配电网发生单相接地故障后，经过暂态特征分析得出故障点下游和健全线路各监测点的三相电流突变量幅值相等，波形变化基本一致。而故障点上游各监测点三相电流变量幅值不等，利用此特征构成故障选线与区段定位的判据。此方法仅需要各监测点测量三相故障电流与故障判据相比较，根据网络拓扑结构各监测点可以独立判断自身所处位置来实现区段定位，具有一定的自举性。但该方法需要装设三相电流互感器，对电流互感器三相同步测量及高精度对时有较高的要求。

4.2.2　基于消弧线圈并联电阻联合站外 DTU 选段的故障定位方法

1. 消弧线圈并联电阻

国内各种小电流选线装置所用的原理一般都是利用单相接地发生时故障线路零序电流的异常增大，通过采集各条线路上零序电流的基波或高次谐波分量，对比电流特征量的变化来进行选线的。这种选线原理在系统线路结构复杂、对地电容电流差异较大，以及测量装置精度误差和相移等因素的影响下，选线效果并不理想。当系统中性点经消弧线圈接地后，由于消弧线圈的补偿作用，故障线路的零序电流趋近于零，与非故障线路的电流特征无明显差异，导致这些依据传统选线理论的装置失去了基本的选线条件，选线结果呈现非常不准确的状况。中电阻选线方式的系统原理图如图 4-7 所示。

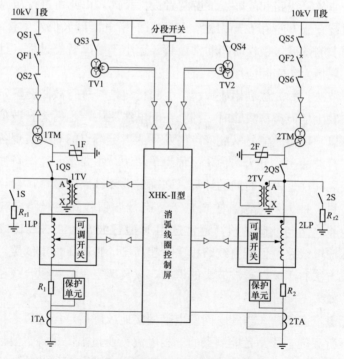

图 4-7　中电阻选线方式的系统原理图

当 10kV 线路发生单相接地故障时，可通过母线电压互感器 TV1、TV2 开口三角电压的变化，以及 1TV、2TV、1TA、2TA 的大小来选择补偿容量的大小。在中性点不接地系统中，故障线路上的零序电流为各条非故障线路的电容电流和，出线越多，电缆和架空线路越长，故障线路的电容电流就越大，当电容电流过大，故障点电弧不易熄灭，中性点必须采用经消弧线圈接地方式。从图 4-8 可以看出，当线路 N 发生 A 相接地故障时，非故障相流过穿芯电流互感器的电流为

$$3I_0 = I_A + I_B + I_C = 0 \tag{4-21}$$

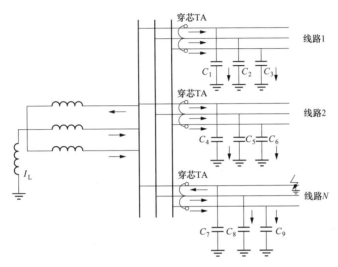

图 4-8　中性点经消弧线圈接地时发生单相接地故障的电流分布图

故障相流过穿芯电流互感器的电流为

$$3I_0 = I_A + I_B + I_C \neq 0 \tag{4-22}$$

消弧系统就是通过采集每条馈线的穿芯电流互感器电流，根据比较非故障相和故障相穿芯电流互感器电流的大小来选择故障相。但是这种选线方式没有外加条件，当系统中可能存在馈线的线路比较长，电容电流会大于其他所有线路的电容电流之和，这样就会出现拒动，同时，线路的长短、系统的运行方式、过渡电阻大小都会影响到选线方式，从而很容易出现误选、漏选。

从图 4-7 的系统原理图可知，在消弧线圈两端并联中电阻，中电阻通过永久接地故障延时 1s 投入。并联中电阻选线的基本原理是通过对并联电阻的投退控制，短时且有限地增加零序电流的有功分量，使得故障线路与非故障线路上的零序电流出现明显的特征差异，然后通过独特的计算方法，准确地识别故障线路，达到选线的目的。经过理论和大量实践的验证，该方法选线准确率极高，同时可抑制中性点电压，无须准确判断零序电流互感器的极性，具有很高

的实用价值。

　　装设消弧线圈后的单相接地选线问题，一直是困扰电力系统的一道难题，传统的选线装置普遍存在误选、漏选现象。采用首半波法、5 次谐波法、注入法都存在着选线信号采样困难、判据不明显等缺陷，所以有必要对选线原理进行重新分析，找出一种全新的选线原理。为此采用投并联中电阻的方式，使接地点产生一个阻性分量电流，再利用这个阻性分量电流作为选线的依据，根据图 4-7 的中电阻选线系统原理图，在发生单相接地时等值零序电路如图 4-9 所示。在图 4-9 中，C 为系统对地电容，U_0 为接地点的零序电压。当发生单相接地故障一定时间后，1S 闭合投入接地电阻 R_Z，发挥故障的选线功能。故障点电流矢量图如图 4-10 所示，从矢量图可以看出

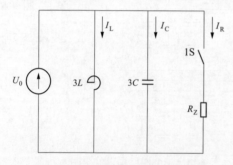

图 4-9　单相接地时等值零序电路

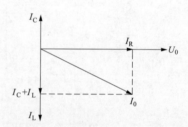

图 4-10　故障点电流矢量图

$$I_0 = I_L + I_R + I_C \tag{4-23}$$

　　当系统发生单相接地故障时，流过穿芯电流互感器的零序电流比传统不采用中电阻选线的系统零序电流要大很多，更加突出故障线路与其他线路的区别。由于中电阻只是在有故障时投入，并且快速返回，所以相比传统的选线方式具备以下优点：响应速度快，小于 10ms；没有过电压，投入电阻只会降低系统的过电压；故障回路零序电流变化大，非故障回路变化小；投入电阻的时间可以控制，一般为 0.5～1s。

　　2. DTU 选段

　　（1）基于无线终端设备（DTU）的接地故障检测与定位。当配电网的某一个分支线发生故障时，对于一个环网单元来说，存在着与变电站出线相同的故障现象。所以，完全可以基于这个故障现象，将单相接地故障进一步锁定到具体的某个环网单元中。如图 4-11 所示，环网单元 1 和环网单元 2 均为"1 进 4 出"，分别为 5 条线路，两单元各配置 1 台 DTU，分别采集 5 条线路的交流量

和开关量信息，可以实现基于 DTU 的单相接地故障检测与定位。

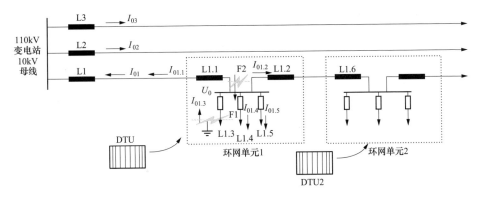

图 4-11　配电网单相接地故障定位

（2）线路属性判断。配电网线路存在着负荷转供的情况，不同的时段，线路的潮流方向可能也不相同，但是，可以根据功率方向来确定该线路目前是电源进线还是负荷出线。定义线路的正方向为线路功率由母线流向线路，反方向为线路功率由线路流向母线。当各线路处于正常运行状态（非故障状态）时，判别各线路的功率方向，当满足正方向判据时，延时 5s 判断该线路为"负荷出线"，相反判断该线路为"电源进线"，线路属性判断逻辑见图 4-12。

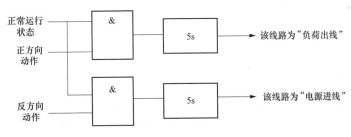

图 4-12　线路属性判断逻辑

（3）启动判据。当环网单元内母线零序电压大于 18V，且任一线路的零序电流大于启动定值时，启动单相接地故障定位逻辑，该定值以变电站 10kV 出线为单位，整定值 i_{set} 与变电站 10kV 出线保护的零序过电流保护相同。

$$i_{0i} < i_{set} < i_{0\Sigma} \tag{4-24}$$

式中　i_{0i}——该环网单元所属的 10kV 线路的对地电容电流；

　　　$i_{0\Sigma}$——变电站 10kV 母线上其他所有线路的对地电容电流之和。

式（4-24）的含义是，启动电流定值需小于或等于本线路接地时的故障电流且大于本线路非接地时的零序电流。一条 10kV 线路上的所有环网单元均可以整定此相同的启动定值。启动判据如图 4-13 所示。

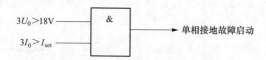

图 4-13 单相接地故障启动逻辑

（4）单相接地故障检测与定位。当启动条件满足时，DTU 开始对环网单元内的各条线路的零序电流大小进行排序，并上报排序结果，如图 4-20 中示例，F1 处故障时的故障排序的结果为

$$I_{01.3} > I_{01.1} > I_{01.4} > I_{01.2} \tag{4-25}$$

当 DTU 完成对各条线路的零序电流排序之后，结合各线路的属性，对单相接地故障进行最终定位，定位逻辑见图 4-14。

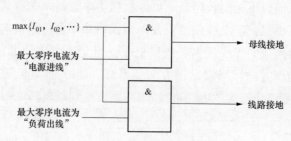

图 4-14 单相接地故障定位逻辑

当故障电流最大的线路为"电源进线"时，判定为母线接地故障；当故障电流最大的线路为"负荷出线"时，判定为线路接地故障。然后 DTU 将故障判定结果就地显示，并上送主站。如图 4-11 中示例，当 F1 处发生单相接地故障后，零序电流最大的线路为 $I_{01.3}$，且 $I_{01.3}$ 为"负荷出线"，则 DTU 显示"线路单相接地 $I_{01.3}$"。当 F2 处发生故障时，则选出零序电流最大的线路为 $I_{01.1}$，因为 $I_{01.1}$ 为"电源进线"，则 DTU 显示"母线单相接地"。

4.2.3 基于不接地系统小电流放大器联合故障指示器的故障定位方法

在气候条件恶劣或人为误操作等客观因素的影响下，电网可能会由正常运行状态进入不正常运行状态甚至是故障状态，此时，安装在线路沿线的故障指示器等检测设备会检测到故障时刻的状态信息，并将采集的信号通过通信装置传输至系统主站的分析中心。图 4-15 是配电网故障定位系统结构的示意图，其中主要的硬件设备包括馈线监测单元、通信终端和系统主站等，与系统主站之间通过通用分组无线服务（GPRS）技术进行数据通信。

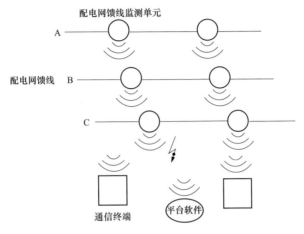

图 4-15　配电网故障定位系统

在配电网故障定位系统中，故障指示器（馈线监测单元）用于实时检测线路的电气量，并能够在故障发生后进行特定的信息传输操作，及时将故障信息上报系统主站的分析中心，快速定位故障区段，并发出警示。为了能够缩短故障定位所需的时间，可以在一定范围内将配电网分成多个区段，然后逐个定位每个区段，当其中的某一个区段发生故障时，安装于该区段及该区段至电源侧的故障指示器均会由正常工作状态转换为报警状态，如图 4-16 所示。

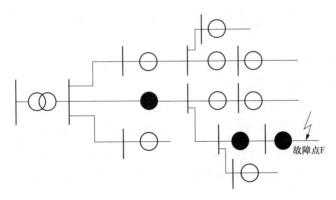

图 4-16　故障判断示意图

○—故障指示器正常工作状态；●—故障指示器报警状态

如果 F 点处发生短路故障，则 F 点至电源侧之间所包含的所有线路上的故障指示器都应该处于报警状态，除上述故障指示器报警之外，其余故障指示器均不发生动作，以便于快速定位接地点。馈线监测单元检测部分的工作原理图如图 4-17 所示。通常情况下，馈线监测单元利用传感器并通过非接触的方式获取故障时的电流和电压信息，将信号通过调理电路处理后送入 A/D 转换器进行模数转换，在处理单元中将地址信息与处理后的数据信息进行整合，通过无线收发模块送出至指定设备。

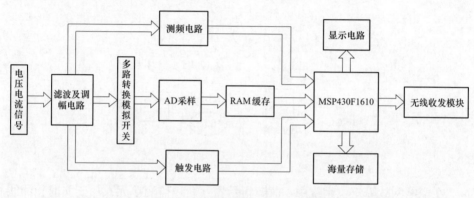

图 4-17　馈线监测单元工作流程图

当系统正常无故障时，芯片处理器处于休眠状态，传感器模块将采集到的信息通过直接存储器（DMA）存储到处理器的寄存器（RMA）中，等待后期使用。当系统发生故障时，处理器被激活，并发送相关指令到无线收发模块，与通信终端进行互相访问，通信终端接到指令后立即与区域内其他馈线监测单元通信，搜集相关信息，最后统一将所有信息通过 GPRS 传送至主站的分析中心。

（1）零序电流检测法。零序电流检测法的原理为：当系统发生单相接地故障后，根据接地线路与不接地线路上零序电流的方向存在差异这一特征进行故障线路与非故障线路的区分。当配电网小电流接地系统发生永久性单相接地故障时，接地线路的零序电流等于所有非故障线路零序电流的向量和，方向是从线路流向母线；而非接地线路的零序电流等于该线路三相对地电容电流的向量和，方向是从母线流向线路。故障产生的详细零序电流流通图如图 4-18 所示。

此方法通过比较零序电流的幅值大小及流通方向，可以比较准确定位出故障线路。但是，国内配电网部分采用中性点不直接接地的运行方式，因此零序

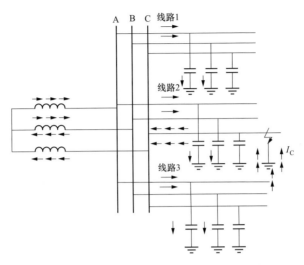

图 4-18　单相接地故障时零序电流流通图

分量的采集比较困难，此方法不能广泛地应用于架空线路的接地故障判定中，只是对于电缆型故障指示器有一定的应用空间。

（2）电容电流脉冲幅值法。电容电流脉冲幅值法的原理是：发生单相接地故障瞬间，故障相电压的骤然下降会引起对地电容产生放电电流，而非故障相电压突然升高，引起对地电容的充电电流，持续时间约有一个周波，且幅值远大于正常线路运行电流。此方法中用到的暂态电流具有很好的识别性且采集方便，不需要增加额外的辅助设备，但极其容易受到运行方式的影响，且电流幅值的大小与接地点的位置关系密切。当故障发生在母线的出线端附近且电网刚好处于最小运行方式时，会导致指示器采集不到足够的动作电流，引起指示器拒动。

（3）信号注入法。采用信号注入法的故障定位系统由安装在变电站的特殊信号源和故障指示器两部分共同组成。当发生单相接地故障时，安装于变电站的信号源会向系统注入一个低频信号。该低频信号只流过故障点与母线之间的故障路径，而不会出现在非接地线路和接地线路的非接地部分。故障指示器会将检测到的低频特殊信号的信息送达系统主站，主站下达指令给相应的故障指示器并指示其翻牌，而健全区段的故障指示器依然处于原工作状态。为了减轻信号源发出的特殊信号受到的外界干扰，系统在单相接地时需要被动地接入一个纯阻性负荷，该负荷具备改变接地时出现谐振状况的能力。附加的信号源增加了系统的复杂性，信号源在系统中短时接入纯阻性负荷的方式，相当于改变了中性点的接地方式，当装置发生故障没能及时退出时，容易引发更严重的相间短路故障。

4.2.4 基于架空/架空电缆混合网智能分布式开关的故障定位方法

电缆的大量敷设既能美化市容，优化城市布局，又由于其电容比架空线大得多，能够改善功率因数，提高线路输送容量。但由于敷设电缆成本较高，在远离城区的地域一般仍使用架空线，形成了架空/架空电缆混合线路。

1. 故障行波分析

双端线路 MN 在 F 点发生接地故障，可等效为在 F 点叠加了一个与该点正常运行时大小相等、方向相反的电压，即图 4-19（a）可等效为图 4-19（b），图 4-19（b）可视为由正常负荷分量图 4-19（c）和故障分量图 4-19（d）叠加而成。电压 U_F 为 F 点正常运行时的电压，在其反向电压 $-U_F$ 的作用下，将产生由故障点向线路两端传播的故障行波。

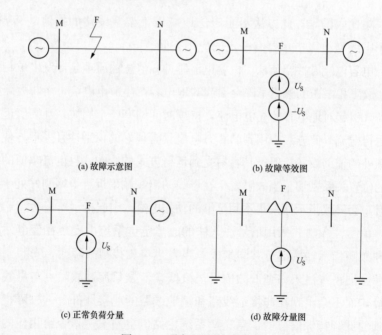

图 4-19 叠加原理故障分析

故障发生在混合线路中任意一条支路时，故障点都会产生向两端传输的故障行波。图 4-20 为故障电流流向图。故障点同侧的检测终端记录的故障电流信号方向相同，故障点两侧记录的故障电流信号方向相反。

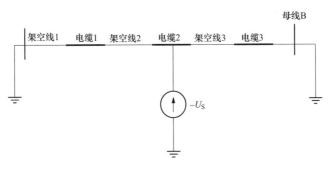

图 4-20 故障电流流向图

2. 故障支路判别

故障发生后，系统会产生从故障点流向线路两端的行波。若只在混合线路两端安装三相故障电流检测装置，因为行波衰减过快，有时很难检测到故障电流行波。由于故障行波分析采用分布式测距方法，在混合线路母线及各连接点处安装三相故障电流检测装置，根据故障电流方向即可找出发生故障的支路。若相邻检测点检测到的电流方向相反，则该相邻检测点之间的支路为发生故障的支路。混合线路中（如图 4-21 所示），设定电流正方向为从母线 A 流向母线 B，若检测点 1～4 的故障电流方向为负，而检测点 5～7 的故障电流方向为正，则故障发生在检测点 4 和检测点 5 之间，即电缆 2 发生故障。当故障发生在母线外侧时，所有故障点故障电流方向一致，若均为正，则故障发生在线路左侧；若均为负，则故障发生在线路右侧。

图 4-21 混合线路系统图

3. 故障点初步定位

在已知故障支路的情况下，根据故障支路两端检测点检测到的故障首波波头到达时间，可初步确定故障点的大概位置。若故障支路为电缆 2（如图 4-22 所示），设电缆波速度为 v_b，故障发生在 F 点，P 为架空线 2 与电缆 2 的连接点，P 与 F 间的距离为 L_P，Q 为架空线 3 与电缆 2 的连接点，Q 与 F 间的距离

为 L_Q，故障初始时刻为 t_0，则故障初始行波到达 P、Q 两端的时刻 t_P、t_Q 为 $t_P=t_0+L_P/v_b$、$t_Q=t_0+L_Q/v_b$，那么故障初始行波到达两端所需的时间 Δt_P 与 Δt_Q 之和为

$$\Delta t_P + \Delta t_Q = (t_P - t_0) + (t_Q - t_0) = L_P/v_b + L_Q/v_b = L_2/v_b \quad (4\text{-}26)$$

式中　L_2——电缆 2 的长度。

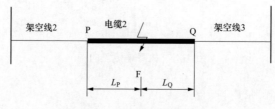

图 4-22　故障定位分析图

由式（4-26）可知，$\Delta t_P + \Delta t_Q$ 之和与故障位置无关，由故障支路的长度及其波速确定。因此，故障支路确定后，在设定的波速下，故障初始行波到达故障支路两端所用的时间之和也是确定的。根据故障支路两端检测点所测得的故障初始行波到达故障支路两端的时间差，即可得到故障初始时刻及故障初始行波到达故障支路两端所用时间，计算公式为

$$\begin{cases} \Delta t_P + \Delta t_Q = t_P + t_Q - 2t_0 = C_1 \\ \Delta t_P - \Delta t_Q = t_P - t_Q = \Delta t \end{cases} \quad (4\text{-}27)$$

式中　C_1——固定常数。

则故障点的位置为

$$L_P = \frac{\Delta t_P}{\Delta t_P + \Delta t_Q} L_2 \quad (4\text{-}28)$$

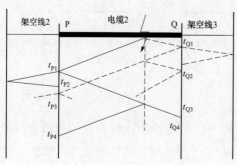

图 4-23　故障行波序列分析

4. 故障点精确定位

确定故障点大致位置后，可推测故障线路两端检测点检测到的第二个故障电流行波波头的来源，以此对初步结果进行修正。设架空线和电缆波速分别为 v_a、v_b，若故障发生在电缆 2 上，电缆 2 长度为 L_2，故障线路前后架空线的长度设为 L_1、L_3，则其故障行波序列分析见图 4-23。由图可看出，

检测点 P、Q 检测到的行波主要有 4 种：直接由故障点传输至端点的行波、经故障点反射回来的行波、由故障支路对端连接点反射回来的行波、由相邻支路的对端连接点反射回来的行波。

假设故障初始时刻为 0，则行波波头到达时间分别为

$$\begin{cases} t_{P1} = L_P/v_b \\ t_{P2} = L_P/v_b + 2L_1/v_a \\ t_{P3} = (2L_2 - L_P)/v_b \\ t_{P4} = 3L_P/v_b \end{cases} \tag{4-29}$$

$$\begin{cases} t_{Q1} = L_Q/v_b \\ t_{Q2} = L_Q/v_b + 2L_3/v_a \\ t_{Q3} = (2L_2 - L_Q)/v_b \\ t_{Q4} = 3L_Q/v_b \end{cases} \tag{4-30}$$

$$t_P > t_Q$$

由式（4-29）、式（4-30）可看出，当故障发生在线路的上半段，即故障点靠近 P 点时，$L_P < L_2/2$，有 $t_{P4} < t_{P3}$，$t_{Q3} < t_{Q4}$；反之，故障发生在线路下半段时，故障点靠近 Q 点，$L_P > L_2/2$，有 $t_{P4} > t_{P3}$，$t_{Q3} > t_{Q4}$。因此，只需知道故障点发生在线路的上半段还是下半段，即可得知 t_{P3}、t_{P4}、t_{Q3} 和 t_{Q4} 的值，从而得知故障点的反射波和故障支路对端连接点反射波到达检测点的先后顺序。

根据 P、Q 两点接收到首个行波波头的时间先后顺序，可将线路分为上、下两半段，利用 P、Q 两点离故障点较近的一个检测点所检测到的第二个行波到达时间，对初步定位的结果进行修正，将该行波称为修正波。当 $t_P < t_Q$ 时，故障发生在上半段，P 点接收到的第二个行波为修正波；当 $t_P > t_Q$ 时，故障发生在下半段，Q 点接收到的第二个行波为修正波。当图 4-23 中故障发生在电缆 2 下半段时，故障点反射的行波比故障线路对端连接点反射的行波先到达 Q 点。

当 $\dfrac{L_3}{v_a} > \dfrac{L_Q}{v_b}$ 时，故障点反射波先到达 Q 点，此时修正波为故障点反射波，其波头到达时间为 t_{Q4}，由此可得故障初始时间为

$$t_0 = (3t_{Q1} - t_{Q4})/2 \tag{4-31}$$

电缆波速度为

$$v_b = L_2/(t_{P1} + t_{Q1} - 2t_0) \tag{4-32}$$

根据在线计算出的即时行波波速，可进一步修正故障点位置

$$L_Q = v_b(t_{Q1} - t_0) \tag{4-33}$$

当 $\dfrac{L_3}{v_a} < \dfrac{L_Q}{v_b}$ 时，相邻支路的连接点反射波先到达 Q 点，此时修正波为相邻支路的连接点反射回来的波，其波头到达时间为 t_{Q2}，由此可得架空线路 3 的在线波速度为

$$v_a = 2L_3/(t_{Q2} - t_{Q1}) \tag{4-34}$$

类似于式（4-26），可得到如下关系

$$\begin{cases} t_{P1} + t_{Q2} = L_2/v_b + 2L_3/v_a = C_2 \\ t_{Q2} - t_{P1} = 2L_3/v_a + (2L_Q - L_2)/v_b \end{cases} \tag{4-35}$$

式中 C_2——固定常数。

将式（4-35）计算出的故障距离与式（4-28）计算的故障距离取平均值，以减小检测系统的随机误差。当故障发生在电缆 2 的上半段或其他线路时，该修正方法同样适用。若线路存在分支线路，可将分支线路看成三条单独的线路，再按照本节方法计算即可，区别在于需要多装一些监测装置。

4.3 配电网单相接地故障处理技术评价

配电网单相接地故障处理的技术指标包括故障处理正确率、故障处理时间、残压、残流、高阻识别能力等，对配电网单相接地故障处理技术好坏的准确评估是选择配电网单相接地故障处理技术的重要参考依据，对于配电网改造、确保配电网安全稳定运行、提升配电网运行的经济效益具有重大意义。

配电网单相接地故障处理技术评价指标体系的构建不同于其他类型的评价指标体系。一方面，由于配电网深入用户终端，结构复杂，环境多变，发生单相接地故障时往往会伴随有线路断线，在故障点周围存在较大电压。如果未能及时、准确地将接地配电线路停运，可能会使行人和线路巡视人员（特别是夜间）发生人身触电伤亡事故，也可能造成牲畜触电伤亡事故，严重威胁人民群众生命和财产安全。另一方面，单相接地故障发生后，可能发生间歇性弧光接地，造成谐振过电压，产生几倍于正常电压的过电压，对电力设备的安全运行产生危害，带来巨大经济损失。因此，配电网单相接地故障处理技术评价指标体系的构建不同于其他类型的评价指标体系，它既要考虑到整个电网系统运行的实际情况，注意单相接地故障对配电网设备以及运行的影响，又要注意配电网单相接地故障对故障点周边人民群众人身及财产安全的威胁。因此，配电网单相接地故障处理技术评价指标体系的构建原则包括如下两点：

（1）从考虑人身安全防护需求的角度出发，配电网单相接地故障处理技术评价将依据人体电流效应触电影响关键因素，从故障处理准确率、故障点残压、故障点残流等方面构建综合评价指标体系。

（2）从考虑配电网单相接地故障对配电网自身运行的影响角度出发，还要关注故障处理准确率、选相准确率、选线准确率、系统工频过电压水平、装置动作时间（故障发生时刻至装置投入的时间）、故障处理时间（故障发生时刻至故障处理完的时间）等方面构建综合评价指标体系。

4.3.1 配电网单相接地故障技术评价指标逻辑框架

现阶段，国内配电网建设的结构布局模式通常选择放射式网状结构，这种布局模式运行可靠性较差，线路互代能力较弱，一旦系统在运行过程中出现故障问题，必然会产生大范围的影响。此外，电网的部分架空线路在运行时会受到客观环境情况的影响，进而大大降低配电系统运行的可靠性，使得供电系统可能无法达到用户关于电力安全稳定性的要求，造成较为严重的经济损失。这就需要对配电网单相接地故障处理技术评价指标体系进行逻辑框架构建与指标划分，根据配电网单相接地故障处理的技术要求，将各指标划分为硬性指标与柔性指标。

硬性指标：在配电网单相接地故障处理过程中所必须满足的技术指标要求。如该类指标没有达到需求，则表明该配电网单相接地故障处理技术无法对配电网发生的单相接地故障进行正确、有效的处理，从而影响配电网的安全可靠运行，降低电网可靠性，威胁人民群众的生命财产安全。

柔性指标：在配电网单相接地故障处理过程中不必一定满足的指标要求。该类指标可表示为某一范围，对某一实际的配电网单相接地故障处理技术来讲，该指标是越高越好的。根据前述分析，对配电网单相接地故障处理技术评价指标体系进行框架构建，如图 4-24 所示。

分别从考虑人身安全防护需求以及配电网自身安全运行两个角度出发，将配电网单相接地故障处理技术评价指标体系分为硬性指标与柔性指标，其中硬性指标包括故障处理正确率（分为选线正确率、选相正确率）、故障处理时间、故障点残压、故障点残流、高阻接地故障识别能力下限；柔性指标包括经济性和平均停电时间，经济性是指停电直接经济损失＋故障切除/补偿装置费用，平均停电时间是指该技术对故障处理后所需停电的平均时间。

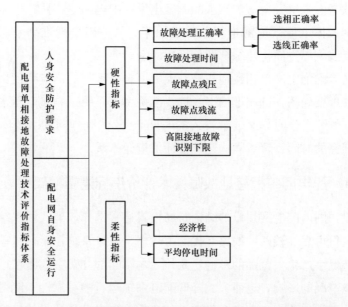

图 4-24　配电网单相接地故障处理技术评价指标体系进行框架

4.3.2　配电网单相接地故障技术评价指标定义及选择依据

1. 硬性指标

（1）故障处理正确率。正确性要求故障处理过程中配电网单相接地故障处理技术能够正确地完成各环节，包括故障选相、故障选线。配电网单相接地故障处理的正确性是评估配电网单相接地故障处理优劣的首要考虑因素，故障处理正确率是配电网单相接地故障技术评价指标中极为重要的一项硬性指标。故障处理正确率为评价周期内历次故障处理中结果为正确的次数的占比，其计算公式为

$$故障处理正确率 = \frac{正确次数}{故障总次数} \times 100\% \tag{4-36}$$

在配电网规划、设计或运行中，规定了配电网可靠性准则，其基本内容包括供电质量和供电连续性。国内传统配电网发生单相接地故障后一般仅发出信号，然后由运行维护人员依次短时断开各条线路来对故障线路进行选择，极大降低了供电可靠性。国内配电网运行可靠性与发达国家相比仍然有较大差距，因此，可靠性对于配电网单相接地故障处理技术来说同样是不可忽略的，将选线准确率设置为配电网单相接地故障处理技术评价指标体系的硬性指标，作为

配电网单相接地故障处理技术所必须满足的条件。一个好的原理技术综合配电网单相接地故障处理技术准确率应在90％以上，必须具备不受消弧线圈影响、不受间歇性接地影响、耐受过渡电阻能力强等优点。由于现场运行条件的复杂性，选线可靠性受多种因素的影响，其中最主要的有三方面因素，即检测原理、装置设计、工程及运行管理，最终效果取决于可靠性最差的那一方面。

（2）故障处理时间。故障处理时间与故障处理的快速性相关联，其要求配电网单相接地故障处理技术在故障发生时最短时间内处理故障，快速恢复供电。故障处理时间为故障发生时刻至故障处理完的持续时间。故障处理时间应采用周期内历次故障处理时间的平均值，其计算公式为

$$故障处理时间 = \frac{\sum_{i=1}^{n} 第\,i\,次故障处理时间}{n} \tag{4-37}$$

虽然小电流接地系统的最大优势是三相线电压在故障发生后仍处于对称，并在较短时间内不会对负荷的正常运行产生影响。但实际运行中，当接地故障发生时，正常相的对地电压明显升高，系统的绝缘薄弱处会受到一定威胁，进而可能会造成配电设备的损害。随着现代智能电网的改建及电缆线路使用量的增长，系统中线路总的对地电容电流显著增大。如果在此系统中发生单相接地故障，且不能在短时间内采取有效措施排除故障，可能造成两相短路故障，进而引发过电压。结合以往配电网运行经验并从配电网自身运行考虑，故障处理时间应在100ms以内。

在判断电流通过人体的危险程度时，也需考虑电流流经的时间长短。电流持续时间与机体的损伤程度有密切关系（见表4-1），如果是大电流，即使在很短的时间内也会产生危险；而如果为极小的电流，则即使持续相当长的时间也不会发生致命危险，故不同的触电电流允许时间不同。如果通过人体的电流只有20～25mA，一般不会直接引起心室颤动或心脏停止跳动，但如时间较长，仍可导致心室颤动或心脏停止跳动，这主要是因为呼吸停止导致机体缺氧；但当通过人体的电流超过数安培时，由于刺激强烈，也可能会使呼吸停止，还可能导致严重的烧伤甚至死亡。

表 4-1　　　　　　　　　　触电电流与允许时间的关系

人体电流（mA）	29	45	56	72	102	160	204	256	368
允许时间（s）	∞	1.20	0.83	0.63	0.48	0.40	0.35	0.30	0.17

根据人体电阻模型以及各类人身触电场景模型分析，在配电网环境中，将故障处理时间设置为3s能够有效地降低配电网单相接地故障对人身安全的影响。

综合以上分析，在配电网单相接地故障处理技术评价指标体系中，故障处理时间应设置在100ms以内，此时既能保证配电网的安全运行，防止故障进一步扩大，又能保证人民群众以及电网工作人员的生命安全。

（3）故障点残压。残压指发生单相接地故障时，在单相接地故障处理技术正确实现后的故障点残余电压。

一方面，受配电网线路故障点的绝缘击穿电压影响，若对单相接地故障处理后故障点残压仍然大于故障点的绝缘击穿电压，故障点将仍然有击穿风险。击穿后电弧的不断熄灭重燃会导致线路对地电容持续充电放电，产生系统过电压，无法保证配电网运行的安全性。

另一方面，考虑到接地点残压对人身安全的影响，故障点残压应降至人体所能承受的电压以下，以防止行人路过瞬间触电。根据人体触电机理研究，人体能够耐受的安全电压 U_{SV} 可以表示为人体的耐受电流 K_1（一般取为 $0.157/\sqrt{t}$）乘上人体电阻 R_B，理论上人体体重越大，所能承受的安全电压就越大，以体重为70kg的人体为例，此时人体的短时安全电压为

$$U_{SV} = 0.157 R_B / \sqrt{t} \tag{4-38}$$

式中 t——承受电压时间。

由式（4-38）可知，如果取人体电阻 $R_B = 1000\Omega$，$t = 1s$，则50kg和70kg的人1s内能承受的电压分别为116V和157V。

因此，在配电网单相接地故障处理技术评价体系中，可将故障点残压的指标设置为100V，以确保故障点可靠消除电弧的同时保证人民群众的生命安全。

（4）故障点残流。残流指发生单相接地故障时，在单相接地故障处理技术正确实现后，故障点残余电流，故障残流是故障点残压的直接体现。对于配电网线路绝缘击穿导致的单相接地故障，故障点残流为故障处理后流过故障点的电流。这一部分残流会经配电网中性点形成回路，引起中性点电压升高，从而导致各相电压不正常。随着智能配电网的发展，以及配电网规模扩大和电力电子设备的大量接入，传统使用消弧线圈接地的配电网只能对故障电流中的基波无功分量进行补偿，大量的有功分量与谐波分量仍然能够维持故障点电弧的燃烧。因此，残流同样应该作为评价配电网单相接地故障处理技术评价指标体系的硬性指标，其直接关系故障点消弧效果。

（5）高阻接地故障识别下限。高阻接地故障识别下限是指该配电网单相接地故障处理技术所能识别的高阻接地故障中的最小值。由于配电网的特殊性，发生单相接地故障时通常伴随有一定的过渡电阻，过渡电阻大小直接影响单相接地故障零序回路的等值阻抗，进而影响单相接地故障发生后的故障特征。为了保证单相接地故障发生时不威胁人民的生命安全，应当考虑最为严重的情况作为人体假设电阻值，即包括电击强度在内的各种因素，在电击发生瞬间具有最不利的值，以及避免不合理的安全因素的组合来确定。综合以上单相接地故障对配电网安全运行，以及配电网单相接地故障对人身安全的影响，应将配电网单相接地故障处理技术评价体系中高阻接地故障识别能力下限设为 1kΩ，并作为其中的一项硬性指标。

2. 柔性指标

（1）经济性。配电网单相接地故障处理技术的经济性主要包含两个方面，一方面为停电造成的经济损失，另一方面为设备投入所需增加的经济投入。一般而言，用户的停电损失主要由停电特性和用户特性决定。停电特性包括停电频率、持续时间、事前是否通知等因素；用户特性则包括用户的行业类别、企业规模、电力需求、是否有预防措施等因素。对于短时停电事件而言，其停电的持续时间短，因此，短时停电损失的主要决定因素不再是停电持续时间，而是停电频次。而在用户特性中，用户的敏感程度和设备运行状态是两个重要因素。短时停电造成的用户损失可以表示为：停产损失＋重启成本＋检修费用＋报废产品的价值。其中，停产损失主要与停电持续时间关联，短时停电的持续时间短，则相应的生产重启动需要时间很短；用户生产设备的特性和企业的规模决定着用户的重启成本和检修费用；报废产品的价值是指因短时停电造成生产中断而损坏或报废的原料、半成品、成品的价值，报废产品的价值与用户的生产规模及产品的特性等有关。

以某市为例，全市停电后减供负荷 2400MW，各行业负荷量和电价见表 4-2。

表 4-2　　　　　　　　各行业负荷量和电价

用户类型	负荷比例（％）	负荷量（MW）	电价（元/kWh）
农业	9	216	0.56
工业	41	984	0.60
商业	32	768	0.92
居民	18	432	0.57

供电部门不同停电时刻下直接经济损失见表 4-3。

表 4-3 供电部门不同停电时刻下直接经济损失

停电时刻	损失值（万元）	停电时刻	损失值（万元）
10min	27.74	4h	665.76
30min	83.22	8h	1331.52
1h	166.44	16h	2663.04
2h	332.88	24h	3994.56

供电部门大停电间接经济损失见表 4-4。

表 4-4 供电部门大停电间接经济损失

停电时刻	损失值（亿元）	停电时刻	损失值（亿元）
10min	0.12	4h	2.89
30min	0.36	8h	5.77
1h	0.72	16h	11.55
2h	1.44	24h	17.32

根据以上结果，经济发达地区即使短时间停电也会造成严重经济损失或人员伤亡，依据国家制定的安全生产事故划分标准，属于特别重大事故，必须采取建设坚强电网、提高工作人员素质等有效措施避免大停电事故的发生。所以将供电可靠率纳入约束指标中，以期望单相故障处理能达到良好的经济效果，为社会稳定和安全生产提供保障。综合以上考虑，对配电网单相接地故障处理技术评价指标体系的经济性做出以下划分，如表 4-5 所示。

表 4-5 经济性水平划分

项目	等级			
	I	II	III	IV
停电直接经济损失＋故障切除/补偿装置费用（万元）	1000 以下	1000～2000	2000～3000	3000 以上

（2）平均停电时间。平均停电时间为周期内历次停电时间的平均值，其计算公式为

$$平均停电时间 = \frac{\sum_{i=1}^{n} 第\,i\,次故障处理停电时间}{n} \tag{4-39}$$

对于客户停电时间统计管理方面，综合考虑现有单相接地故障处理技术水平，结合专家经验对配电网单相接地故障处理技术评价指标体系的平均停电时间做出以下划分，如表 4-6 所示。

表 4-6　　　　　　　　　　　　平均停电时间水平划分

项目	等级			
	I	II	III	IV
用户平均停电时间（h）	0	0～0.5	0.5～2	2 以上

根据以上各项指标即可构建出配电网单相接地故障处理技术评价指标体系，配电网单相接地故障处理技术评价指标体系是理论研究的核心部分，也是建立配电网单相接地故障处理技术综合评价模型的前提。指标体系的合理与否将影响配电网单相接地故障处理技术评价模型的有效性和可信度，进而影响配电网单相接地故障处理技术评价结果的正确性和合理性。

5　配电网柔性接地方式故障处理

　　随着配电网的升级改造以及电缆网络的广泛普及，传统接地方式的局限性愈发突显，为配电网的安全稳定运行埋下隐患。为此，相关学者提出了配电网中性点柔性接地的概念和方法。配电网柔性接地技术在传统中性点经消弧线圈接地的基础上，采用有源逆变器通过接地升压变压器与消弧线圈并联的形式。在发生单相接地故障时，由逆变器与消弧线圈共同向配电网提供补偿电流。有源逆变器可以等效为可控电流源，起到柔性控制的作用，实现对故障的治理，以及对接地电流的深度补偿。

　　近年来，基于柔性接地配电网故障选线一直是国内学者的研究热点，主要有脉冲电流选线法和残流增量法选线法。脉冲选线法的选线原理是在柔性接地系统发生单相接地故障后，接于系统中性点与地之间的晶闸管在其两端电压过零点附近使中性点与地之间瞬时短路产生一个短路脉冲电流。该脉冲电流绝大部分流经接地线路接地相后于接地点入地，脉冲电流识别器通过对各出线识别该脉冲电流以实现接地线路的判定。残流增量法的选线原理是在柔性接地系统发生单相接地故障后，调节柔性接地装置改变中性点接地等值电感，短时间增加接地残余电流，通过对比调节前后的电流幅相变化，选出故障线路。调节前后，与正常线路相比，故障线路的残余电流变化有着明显的特征，因而能够准确地选出故障线路。只要残余电流的变化限制在一定范围，基本不会对系统造成影响。

　　在柔性接地系统故障选线的基础上，如何准确快速地对接地故障进行故障定位具有重大意义。中性点柔性新型接地技术是在传统接地方式的基础上，综合了消弧线圈与低电阻接地的特点，在合理的故障选线与判断的基础上，根据故障特征信息通过投切装置，控制柔性接地方式的工作状态，从而灵活应对可能出现的故障，配合继电保护装置保障配电网络安全稳定的运行。

　　本章将从配电网柔性接地的控制技术、柔性接地方式下的故障特征、基于柔性接地的故障选线技术和基于柔性接地的故障定位技术 4 个方面详细介绍配电网柔性接地方式故障处理。

5.1 柔性接地的控制技术

配电网作为电力系统的终端，具有结构复杂、接地故障频发、对地参数及故障参数变化范围广、运行状态及故障状态难以预测等特点。多年来，对配电网接地故障、过电压的快速处理和有效抑制仍未有较全面的解决方案。

柔性接地装置是一种新型的智能化配电网接地设备，通过对配电网运行状态的在线监测，改变配电网对地阻抗，调节中性点对地电流，可实现快速故障处理。

有别于传统接地方式（如经消弧线圈接地、经低电阻接地等）的固定接地阻抗，柔性接地装置通过改变输出电流（或输出电压）实现中性点对地阻抗的调节，从而应对不同的运行状态及故障状态，达到接地故障抑制和系统电压维稳的目标。因此，对柔性接地装置中单相逆变器进行快速、精准的控制是调整电力系统运行状态及实现故障自愈的前提和关键。

逆变器作为分布式能源并网中的重要元件，国内外对其控制方法进行了广泛的研究，已提出了一系列基于自动控制原理的并网逆变器控制策略，主要控制目标为提高并网发电功率、减小入网电流谐波含量、增强多逆变器分布式电力系统的稳定性等，而柔性接地装置主要功能为抑制配电网接地故障、维持三相电压的恒定，因此，对逆变器的控制要求在于能否准确跟踪参考值，并对给定指令做出快速响应。同时，可有效抵抗不确定的故障特征带来的系统参数扰动，且不受电压波动的影响。

5.1.1 柔性接地系统控制目标

经柔性接地装置接地的配电系统电路结构如图 5-1 所示。柔性接地装置由采样模块、DSP 控制模块、脉冲驱动模块和整流逆变模块构成。采样模块对系统的中性点电压、各相电压、装置的注入电流等参数进行实时采样，所采数据经 DSP 处理和分析后，判断系统状态并设定控制目标，控制脉冲驱动电路为逆变器提供绝缘栅双极型晶体管（IGBT）驱动脉冲，从而向配电网中性点注入电流，实现对配电网零序电压的控制。

图 5-1 中，C_{dc}、R_{dc} 分别为直流侧电容、电阻，L_o、C_o 分别为输出滤波电感、电容，L_p 为中性点消弧线圈，E_A、E_B、E_C 为配电网电源电动势，U_A、

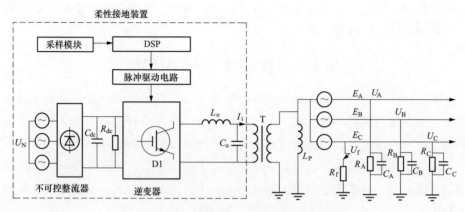

图 5-1 柔性接地装置接地的配电系统示意图

U_B、U_C 为三相电压，U_N 为中性点电压，I_i 为通过 PWM 有源逆变器注入配电网的电流，R_A、R_B、R_C 为配电网对地泄漏电阻，C_A、C_B、C_C 为配电网对地电容，R_f 为接地故障过渡电阻。

根据电路原理可知

$$I_i - U_N Y_L = (E_A + U_N)Y_A + (E_B + U_N)Y_B + (E_C + U_N)\left(Y_C + \frac{1}{R_f}\right)$$

(5-1)

其中，$Y_A = \dfrac{1}{R_A} + j\omega C_A$、$Y_B = \dfrac{1}{R_B} + j\omega C_B$、$Y_C = \dfrac{1}{R_C} + j\omega C_C$ 分别为三相对地参数的导纳，$Y_L = \dfrac{1}{j\omega L_P}$ 为中性点对地导纳。式（5-1）可化简为

$$I_i = U_A Y_A + U_B Y_B + U_C\left(Y_C + \frac{1}{R_f}\right) + U_N Y_L$$

(5-2)

其中，$U_A = E_A + U_N$、$U_B = E_B + U_N$、$U_C = E_C + U_N$。

当且仅当注入电流为

$$I_i = U_A Y_A + U_B Y_B + U_C Y_C$$

(5-3)

有 $U_C = 0$，意味着故障相电压被抑制到零，此时中性点电压 $U_N = -E_C$，实现了单相接地故障的抑制。因此，当配电网 C 相发生单相接地故障时，柔性接地装置的控制目标可表示为式（5-3）。

5.1.2 柔性接地控制建模

柔性接地系统等效电路如图 5-2 所示。

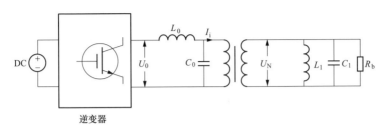

图 5-2 柔性接地系统等效电路

其中

$$C_b = C_A + C_B + C_C \tag{5-4}$$

$$R_b = \frac{R_A R_B R_C R_f}{R_A R_C R_f + R_B R_C R_f + R_A R_B R_f + R_A R_B R_C} \tag{5-5}$$

由于对柔性接地装置的控制主要在于对装置输出电流或网侧电压的控制，因此，可将配电网三相电源及对地参数向柔性接地装置侧做等效，系统等效电路如图 5-3 所示，其中，L_1、C_1、R_1 分别表示等效后的配电网侧消弧线圈电感、对地电容及对地电阻，L_0、C_0 表示逆变器的滤波电感及电容。

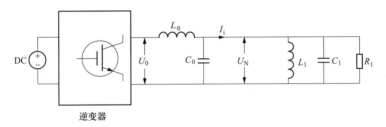

图 5-3 系统等效电路

设变压器 T 变比为 n，则有

$$C_1 = n^2 C_b = n^2(C_A + C_B + C_C) \tag{5-6}$$

$$R_1 = \frac{R_b}{n^2} \tag{5-7}$$

$$L_1 = \frac{L_P}{n^2} \tag{5-8}$$

根据式（5-3）所示的控制目标，对柔性接地装置的控制可从两个角度考虑，即电压控制和电流控制。电流控制易于实现，可控性强且稳定性高，但由式（5-4）可知，在故障抑制前需测量配电网的对地参数，并根据对地参数值计算注入电流的参考值。对于单相接地故障，空气的击穿和电弧的燃烧可能发生在一瞬间，参数测量会延缓故障抑制的时间，存在安全隐患。若对柔性接地装置的输出电压进行控制，只需在判别故障相后设置中性点电压参考值，无需测量对地参数，可大大提高故障抑制速度，简化系统工作流程。因此，对柔性接地装置采用电压控制策略，可充分利用控制目标简单明了的优势，实现快速控制。

5.1.3 柔性接地控制策略

当配电网发生故障或出现过电压时，本质上而言是配电网参数的变化导致的系统状态的变化，尤其是发生接地故障时，过渡电阻不可预测，因此对控制系统的鲁棒性（稳健性）要求很高。同时，由式（5-4）可知，对柔性接地装置的控制具有十分明确的控制目标，因此对装置的控制精度也有较高要求。

为对抗随机变化的配电网参数，可考虑增加反馈内环，巩固系统稳定性，降低系统对参数变化的敏感性，保证系统特性不受工作条件改变的影响。同时，为提高控制的准确性，保证输出值能准确跟踪参考值，实现装置的功能，可根据系统性能增加串级控制，尽可能减小系统的稳态误差，缩短动态响应时间。

以中性点电压为控制目标，对图 5-3 所示的等效电路进行变换，可得到对应的系统控制框图，如图 5-4 所示，$G_c(s)$ 表示串级控制器，$H_1(s)$ 表示反馈补偿装置，G_c 为控制器传递函数，K_{INV} 为逆变器的传递函数。令 $G_0(s) = K_{INV}U_N/U_0$ 表示原系统，简化后的柔性接地系统闭环控制框图如图 5-5 所示。推导可得

$$G_0(s) = \frac{K_{INV}L_1R_1}{s^2L_1L_0R_1(C_1+C_0)+sL_1L_0+R_1(L_1+L_0)} \tag{5-9}$$

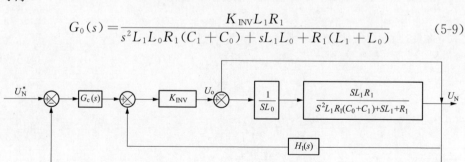

图 5-4 柔性接地系统闭环控制框图

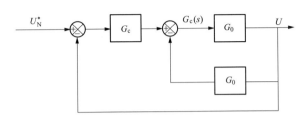

图 5-5 简化后的柔性接地系统闭环控制框图

1. 反馈补偿器设计

在不考虑电压扰动的前提下，加入反馈环节，内环路的传递函数变为

$$G_{01}(s) = \frac{G_0(s)}{1 + G_0(s)H_1(s)} \tag{5-10}$$

当 $|G_0(s)H_1(s)| \gg 1$ 时，$G_0(s) \approx \dfrac{1}{H_1(s)}$，这时反馈校正后的系统特性几乎与校正装置包围的环节无关。因此，可在需要的频段内设置 $H_1(s)$ 尽可能地满足 $|G_0(s)H_1(s)| \gg 1$。

考虑到 $G_0(s)$ 为二阶环节，阶数较高，结构较为复杂，为保证校正后参数的变化对系统的影响变小，对 $G_0(s)$ 环节采用软反馈，设 $H_1(s) = h_1 s$，此时内回路开环传递函数为

$$G_0(s) = \frac{K_{INV}L_1R_1}{s^2 L_1 L_0 R_1 (C_1 + C_0) + s(L_1 L_0 + K_{INV}L_1 R_1 h_1) + R_1(L_0 + L_1)} \tag{5-11}$$

为保证内环路的稳定，则内环路的特征方程所有根均需具有负实部。考虑到 L_1、L_0、K_{INV} 均为大于零的系统参数，且反馈系数 h_1 也大于零，因此 $L_1 + L_0 + K_{INV}L_1 R_1 h_1 > 0$ 恒成立，内环路恒稳定。

令 $f(\omega) = |G_0(j\omega)H_1(j\omega)|$，有

$$
\begin{aligned}
f(\omega) &= |G_0(j\omega)H_1(j\omega)| \\
&= \left| \frac{j\omega K_{INV}L_1 R_1 h_1}{-\omega^2 L_1 L_0 R_1 (C_1 + C_0) + j\omega L_1 L_0 + R_1(L_1 + L_0)} \right|
\end{aligned} \tag{5-12}
$$

分析式（5-12）可知，当 $\omega \to 0$ 时，$f(\omega) \to 0$；当 $\omega \to \infty$ 时，$f(\omega) \to 0$。故在系统中频段，可保证 $f(\omega) > 0$，反馈校正后的系统特性几乎与校正装置包围的环节无关，被包围环节的特性主要由校正环节确定，实现了内环反馈的功能。

分析可知，校正后系统为二阶系统，波特图的幅频特性斜率由 0 降至

$-20\mathrm{dB/dec}$，再降至$-40\mathrm{dB/dec}$，考察式（5-13），可知系统幅频特性的2个转折频率ω_1、ω_2为

$$\omega_{1,2}=\frac{L_1L_0+K_{INV}L_1R_1h_1\mp\sqrt{M^2-N(C_1+C_0)(L_1+L_0)}}{2L_1L_0R_1(C_1+C_0)} \qquad (5\text{-}13)$$

其中，$M=L_1L_0+K_{INV}L_1R_1h_1$，$N=4L_1L_0R_1^2$。

可以看出，影响转折频率ω_1、ω_2的变量主要有h_1和R_1，其中h_1可人为设定，R_1则与单相故障时接地电阻的阻值有关，因此，需要具体分析对h_1和R_1内回路中频段频率范围的影响，以便设计合适的反馈系数。令内回路幅频特性中斜率为$-20\mathrm{dB/dec}$的频率范围大小为$g(h_1,R_1)$，则有

$$g(h_1,R_1)=\frac{2\sqrt{\left(\dfrac{L_1L_0}{R_1}+K_{INV}L_1h_1\right)^2-4L_1L_0(C_1+C_0)(L_1+L_0)}}{2L_1L_0(C_0+C_1)}$$

$$(5\text{-}14)$$

可以看出，$g(h_1,R_1)$关于h_1是增函数，关于R_1是减函数。因此，h_1越大，内回路中频段频率范围越大；R_1越大，内回路中频段频率范围越小。

2. 串级控制器设计

在反馈补偿器设计中，反馈控制器大大降低了控制系统对参数的敏感性。现根据自动控制原理，分析原系统基本性能，设计提升系统性能的串级控制器。一般而言，一个性能优良且不受外界干扰影响的控制需满足条件：①系统有较好的动态性能和稳态性能，这意味着系统应具有一定的稳定裕度，防止轻微的扰动或参数变化导致系统的不稳定，但为了保证较优的动态性能，稳定裕度不能过大；②系统的开环波特图应具有合适范围的带宽，可保证在对参考信号进行跟踪的前提下对高频谐波及噪声进行抑制。

上述要求可通过一系列的性能指标体现：①开环波特图具有$30°\sim60°$的相角裕度，相角裕度若低于此值，系统稳定裕度较差；若过高于此值，系统动态过程则变得缓慢。②开环波特图中频段以$-20\mathrm{dB/dec}$的斜率穿越$0\mathrm{dB}$线且维持一定的频率范围，同时，高频段斜率应小于或等于$-40\mathrm{dB/dec}$，以削弱高频噪声对系统的影响。

分析得出，系统仍存在的缺点：①内回路系统穿越频率太低；②内回路系统相角裕度过高；③内回路系统高频段斜率为$-20\mathrm{dB/dec}$。

综上分析，采用串联一阶惯性环节，其传递函数为

$$G_c(s) = \frac{k}{1 + T_s} \tag{5-15}$$

可以看出，一阶惯性环节波特图转折频率为 $1/T(\text{rad/s})$，转折频率前斜率为 0，增益为 $20\lg k$，转折频率后斜率为 -20dB/dec，且随着频率的增大，相位从 $0°$ 降至 $-90°$，转折频率处相移为 $-45°$。因此，合理设置惯性环节的转折频率，可增加系统低频段的比例增益而不改变其斜率，同时减小原系统相角裕度并降低高频噪声。

根据分析可知，增加了反馈环节和串联矫正环节的系统开环传递函数可表示为

$$G_{02}(s) = G_c(s)G_{01}(s) \approx \frac{k}{h_1(1 + T_s)} \tag{5-16}$$

由式（5-16）可知

$$\begin{cases} |G_{02}(s)| \approx \dfrac{k}{\omega h_1 \sqrt{1 + (\omega T)^2}} \\ \angle G_{02}(s) \approx -90° - \arctan(\omega T) \end{cases} \tag{5-17}$$

经串级校正器校正后的系统转折频率 ω_z 为 $1/T(\text{rad/s})$，设置校正后系统的穿越频率为 10^3rad/s，相角裕度为 $45°$，取 $h_1 = 10$，代入式（5-17）计算可得

$$\begin{cases} k = \sqrt{2} \times 10^3 \\ T = 10^{-3} \end{cases} \tag{5-18}$$

增加串级校正环节后，系统穿越频率为 10^3rad/s，相角裕度为 $45°$，实现了设计目标。

5.2 柔性接地方式下的故障特征

中性点接地是电力系统防止或减轻事故的重要手段，国内中压配电网中性点主要采用中性点经电阻接地或经消弧线圈接地的方式。中性点经电阻接地在单相接地故障期间抑制过电压的效果明显，但长期运行可导致接地电流过大，将增大停电事故概率，不利于供电可靠性。中性点经消弧线圈接地方式理论上可以有效解决频发的单相接地故障，通过消弧线圈的电感电流补偿对地电容电流，大幅降低对地残余电流的大小，促使电弧熄灭并防止事故扩大。但是，消弧线圈仅能补偿稳态无功分量电流，存在电弧自熄后重燃、无法抑制瞬态过电压等问题。

柔性接地的核心是运用电力电子变换器向中性点注入补偿电流，实现对接地故障的柔性治理。根据不同的控制目的，可将柔性接地的控制方法分为电流消弧法和电压消弧法。本节结合柔性接地配电网的特点和暂态建模，分析总结了柔性接地方式下的故障特征。

5.2.1　柔性接地配电网建模

配电网柔性接地技术在传统中性点经消弧线圈接地的基础上，采用有源逆变器通过接地升压变压器与消弧线圈并联的形式。在发生单相接地故障时，由逆变器与消弧线圈共同向配电网提供补偿电流。有源逆变器可以等效为可控电流源，起到柔性控制的作用，实现对故障的治理以及对接地电流的深度补偿。

配电网柔性接地的系统结构图如图 5-6 所示，其中 E_A、E_B、E_C 分别为配电网 A、B、C 三相电源电压，U_N 为配电网的中性点电压；T 为接地升压变压器；L_{ASC} 为消弧线圈；R_A、R_B、R_C 分别为配电网 A、B、C 三相的对地泄漏电阻；C_A、C_B、C_C 分别为配电网 A、B、C 三相的对地等效电容；R_f 为单相接地故障时的对地过渡电阻；I_Z 为柔性消弧装置向配电网提供的补偿电流。

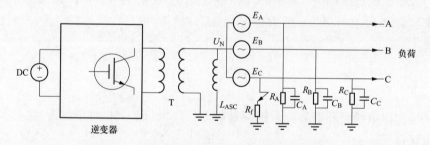

图 5-6　中性点柔性接地的配电网系统结构图

5.2.2　单相接地故障的暂态模网络

为准确分析柔性接地的暂态特性，可通过相模变换实现三相耦合系统的解耦。三相系统与模量系统之间的转换关系为

$$\begin{bmatrix} x_0 \\ x_1 \\ x_2 \end{bmatrix} = K \begin{bmatrix} x_A \\ x_B \\ x_C \end{bmatrix} = \frac{1}{3} \begin{bmatrix} 1 & 1 & 1 \\ 1 & -1 & 0 \\ 1 & 0 & -1 \end{bmatrix} \begin{bmatrix} x_A \\ x_B \\ x_C \end{bmatrix} \tag{5-19}$$

式中　　　　K——Karrenbauer 相模变换矩阵；

x_A、x_B、x_C——三相系统中的电压 U_A、U_B、U_C 或电流 i_A、i_B、i_C；

x_0、x_1、x_2——模量系统中的电压 u_0、u_1、u_2 或电流 i_0、i_1、i_2。

采用柔性接地方式的配电网发生单相接地故障时，有源逆变器向配电网提供有功以及无功分量的补偿电流，相当于消弧线圈并联等效电阻与电感产生的电流，在等效网络中可将其等效为补偿电阻 R_b 以及补偿电感 L_b。从故障点端口看入可以得到系统的各模网络，如图 5-7 所示。图中，L_p 为 3 倍的消弧线圈电感值，$e_1(t)$、$e_2(t)$ 分别为 1 模、2 模网络的等效电源，t 表示时间。

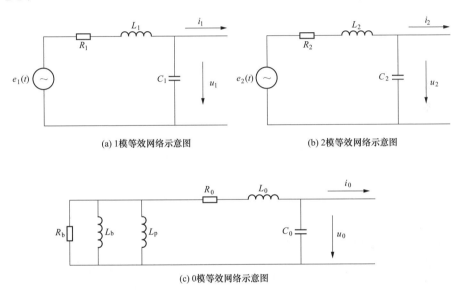

(a) 1模等效网络示意图　　　　　　　　(b) 2模等效网络示意图

(c) 0模等效网络示意图

图 5-7　单相接地故障的各模等效网络示意图

若 A 相发生单相接地故障，则有边值条件 $u_A=0$、$i_B=0$、$i_C=0$。对边值条件进行 Karrenbauer 变换可以得到

$$\begin{cases} u_0+u_1+u_2=0 \\ i_0=i_1=i_2=\dfrac{1}{3}i_A \end{cases} \tag{5-20}$$

结合式（5-20）的边值条件与图 5-7 中的各模网络，可得单相接地故障的暂态模网络。R_1、R_2、R_0 分别为 1 模、2 模、0 模电阻，L_1、L_2、L_0 分别为 1 模、2 模、0 模电感，C_1、C_2、C_0 分别为 1 模、2 模、0 模电容。根据故障状态叠加原理，单相接地故障暂态模网可等效为正常分量与故障分量的线性叠加，如图 5-8 所示。$u_f(t)$ 是单相接地故障点的等效虚拟电源，其值等于发生故

障前一时刻的反向电压。

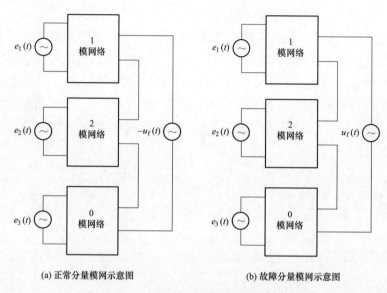

(a) 正常分量模网示意图　　　　　　　　(b) 故障分量模网示意图

图 5-8　单相接地故障的暂态模网络

5.2.3　柔性接地的故障分析

将故障分量的模网络用具体电路替代，考虑到故障接地点存在过渡电阻 R_f，可得柔性接地单相接地故障的等值电路，如图 5-9 所示。其中，$R=R_1+R_2$，$L=L_1+L_2$，$C=C_0$。

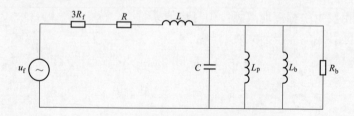

图 5-9　柔性接地的单相故障等值电路图

1. 暂态对地电容电流的分析

假定逆变器不进行暂态过程补偿，即等效电路中不存在等效电感 L_b 及等效电阻 R_b，则电容回路的微分方程为

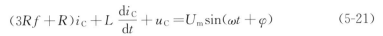

$$(3Rf + R)i_C + L\frac{di_C}{dt} + u_C = U_m\sin(\omega t + \varphi) \qquad (5\text{-}21)$$

式中 ω——工频频率；

φ——初相角；

U_m——0 模电压的幅值；

i_C——故障对地容性电流；

u_C——0 模电容上产生的电压。

将 $i_C = 0$、$u_C = 0$ 作为初始条件，在满足 $R < 2\sqrt{L/C}$ 的条件下，可得暂态电容电流为

$$i_C(t) = I_{Cm}\left[\frac{\omega_f}{\omega}\sin\varphi\sin(\omega_f t) - \cos\varphi\cos(\omega_f t)\right]e^{-\delta_C t} + I_{Cm}\cos(\omega t + \varphi)$$

$$(5\text{-}22)$$

式中 I_{Cm}——稳态电容电流的幅值；

δ_C——暂态过程的衰减系数；

ω_f——暂态自由振荡分量的角频率。

δ_C、ω_f 的计算式分别为

$$\delta_C = \frac{3R_f + R}{2L} \qquad (5\text{-}23)$$

$$\omega_f = \frac{\sqrt{4LC - [(3Rf + R)C]^2}}{2LC} \qquad (5\text{-}24)$$

一般条件下，接地电容电流暂态分量的频率较高，其幅值近似等于暂态自由振荡分量的角频率 ω_f 与工频角频率 ω 之比。

若中性点采用柔性接地方式，则可灵活对系统进行补偿与控制。为加快暂态过渡过程的衰减并限制瞬态过电压的幅值，在故障瞬间由逆变器向系统注入有功分量电流，相当于等值网络中的等效补偿电阻 R_b 发挥作用，补偿电流有功分量与等效电阻产生的电流相等。该状态下等值回路的微分方程为

$$(3R_f + R)(i_C + i_r) + L\frac{d(i_C + i_r)}{dt} + u_C = u_f \qquad (5\text{-}25)$$

式中 i_r——补偿电流有功分量；

u_f——故障点等效虚拟电源。

将 $i_C(0) = 0$、$u_C(0) = 0$ 作为初始条件，在满足 $R_b > \dfrac{L}{(3R_f + R)C} + 2\sqrt{LC}$ 的条件下，可得柔性接地暂态电容电流为

$$i_C(t) = I_{Cm}\cos(\omega t + \varphi) + I_{Cm}\left[\frac{\omega'_f}{\omega}\sin\varphi\sin(\omega'_f t) - \cos\varphi\cos(\omega'_f t)\right]e^{-\delta'_C t}$$

$$(5\text{-}26)$$

式中　δ'_C——柔性接地暂态响应过程的衰减系数；

　　　ω'_f——柔性接地暂态响应自由振荡分量的角频率。

其计算式分别为

$$\delta'_C = \frac{(3R_f + R) + \dfrac{L}{CR_b}}{2L} \tag{5-27}$$

$$\omega'_f = \frac{\sqrt{4LC\left(\dfrac{3R_f + R}{R_b} + 1\right) - \left[(3R_f + R)C + \dfrac{L}{R_b}\right]^2}}{2LC} \tag{5-28}$$

在中性点柔性接地方式中，暂态响应过程中补偿电阻 R_b 越小，即补偿电流的有功分量越大，系统暂态过渡过程衰减得越快。暂态过程期间，电荷聚放、电弧重燃是引起配电网瞬态过电压的主导原因。在电荷累积到释放的前半个周波内，累积的残余电荷通过阻尼得到了有效释放，由此过电压的幅值可以得到较大的衰减。电容电荷 q 经补偿电阻 R_b 的放电规律为

$$q_2 = e^{-\frac{t}{\beta}}q_1 \tag{5-29}$$

式中　q_1——放电前的电荷；

　　　q_2——放电后的电荷；

　　　β——放电时间常数，$\beta = R_b C$。

由此可知，通过等效补偿电阻 R_b 可使电容电荷的释放能量过程加快，从而限制单相接地瞬态过电压水平。

逆变器向配电网提供的有功电流指令为

$$I_a^* = 3U_N/R_b \tag{5-30}$$

等效补偿电阻 R_b 的选择需要综合考虑抑制过电压的效果与接地电流的大小。

2. 暂态对地电感电流的分析

假定逆变器不进行暂态过程补偿，考虑到实际系统中一般存在 $L_p \gg L$，故近似忽略 C、L 对 L_p 的影响。消弧线圈回路的微分方程为

$$(3R_f + R)i_L + W\frac{\mathrm{d}\varphi_L}{\mathrm{d}t} = U_m\sin(\omega t + \varphi) \tag{5-31}$$

式中 W——消弧线圈的线圈匝数；

      φ_L——消弧线圈的磁通；

      i_L——流经消弧线圈的电流，$i_L = W\varphi_L / L_P$。

将 $\varphi_L = 0$ 作为初始条件，可得暂态电感电流为

$$i_L(t) = I_{Lm}[\cos\varphi e^{-\delta_L t} - \cos(\omega t + \varphi)] \tag{5-32}$$

式中 I_{Lm}——稳态电感电流的幅值；

      δ_L——暂态过程的衰减系数。

δ_L 的计算公式如下

$$\delta_L = (3R_f + R) / L_P \tag{5-33}$$

可见，消弧线圈电感电流暂态分量衰减周期相对较长，且与接地电容电流暂态分量的频率相差巨大，因而不可能对其进行补偿。为了平衡电感电流的暂态分量，接地电流就会产生与之大小相等、方相相反的偏置分量，在与接地电容电流叠加之后，可能导致电弧持续燃烧，只能等待电感电流进入稳态之后方才熄灭。

针对上述问题，柔性接地方式可由逆变器向配电网提供与消弧线圈大小相等、方向相反的暂态电感电流，以抵消暂态电感电流带来的不利影响。逆变器向配电网提供的无功电流指令为

$$I_r^* = \frac{3U_N}{j\omega L_P} - I_L \tag{5-34}$$

式（5-34）中，消弧线圈电流 I_L 以及中性点电压 U_N 可通过测量获得。通过无功分量的补偿降低暂态期间建弧率或加快熄灭电弧的响应速度。

5.3   基于柔性接地的故障选线技术

小电流接地系统发生的故障约 80% 都是单相接地故障，当小电流接地系统发生单相接地故障时，继电保护装置不必马上跳闸，电力系统安全规程规定可以继续运行 $1\sim2h$，但是要求选线保护装置能够向工作人员发出指示信号，以便工作人员能够及时处理。但是随着配电网规模的不断发展，以及现在城市中或者是一些工矿企业中电缆线路的使用不断增多，系统的电容电流不断增大，长时间接地运行可能会继发引起两相短路故障，从而对电力设备造成损坏，影响到系统的安全稳定运行。

因此，必须有一套装置能够在发生单相接地故障后及时找到故障线路，再由工作人员根据具体运行和故障情况予以处理，使线路恢复正常运行。

1. 脉冲电流选线

中性点非有效接地系统由于中性点非有效接地，接地电流太小，单相接地故障线路很难识别。如果能够在一段时间间隔内让中性点有效接地，则在该时间间隔内将有大的接地电流出现，这样故障支路会因此大电流而容易被识别出来。由于可以控制时间间隔的大小，这样就可以产生一个大到易于识别但又不引起系统不良反应的故障电流，这种方案称为脉冲电流选线。当中性点非有效接地系统发生单相接地故障后，接于系统中性点与地之间的晶闸管在其两端电压过零点附近使中性点与地之间瞬时短路，以产生一个短路脉冲电流。该脉冲电流绝大部分流经接地线路接地相后于接地点入地，脉冲电流识别器通过对各出线识别该脉冲电流以实现接地线路的判定。

2. 残流增量法选线

在中性点不接地系统中发生单相接地故障时，电容电流的分布非常简单明了，故障点会流过配电网总的对地电容电流。下面主要分析在中性点经消弧线圈接地系统中发生单相接地故障时，所形成的零序回路中电容电流的分布。分析各支路中电容电流的流向，并比较流过故障线路与非故障线路的成分和区别。发生单相接地故障时，谐振接地系统中电容电流的分布如图 5-10 所示。

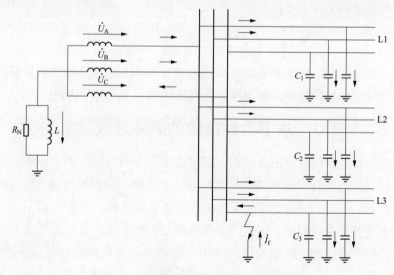

图 5-10　谐振接地系统的电容电流分布

在系统正常运行时，三相电压对称，可能三相线路对地参数会有一些不对称，但是引起的不对称电压都很小，从而中性点偏移电压也很低，每条线路流过的电容电流也很小，消弧线圈中也只有很小的电流流过。当系统发生单相接地故障后，中性点电压急剧上升，使系统中产生一个数值不容忽略的零序电压。无论是非故障线路还是故障相路，该零序电压施加在每相线路上，将使每相产生一个电容电流，它们相位相同，使流过该线路的电容电流为流过每相电容电流的 3 倍。以线路 1 为例，有 $3\dot{I}_{01}=\mathrm{j}3\dot{U}_0\omega C_1$。这些电容电流是从线路流入大地，然后从故障线路的接地点流入故障线路的故障相，再顺着故障线路的故障相流入汇流母线，最后回到各线路当中去。而在中性点处，由于中性点电压（即零序电压 $\dot{U}_0$）的存在，会通过消弧线圈产生一个电感电流，即 $\dot{I}_{\mathrm{L}}=\dot{U}_0/\mathrm{j}\omega L$。这个电感电流从消弧线圈中流入大地，再从接地点进入故障线路，然后顺着故障线路流向汇流母线，最后回到消弧线圈中。

从故障相线路流向母线的零序电流为 $3(\dot{I}_{01}+\dot{I}_{021}+\dot{I}_{031})+\dot{I}_{\mathrm{L}}$，其有效值等于 $3(I_{01}+I_{021}+I_{031})+I_{\mathrm{L}}$，如果设全网对地电容电流为 $I_{C\Sigma}$，则其有效值为 $I_{C\Sigma}-I_{\mathrm{L}}$。这时故障线路出口处流过的零序电流 $3(\dot{I}_{01}+\dot{I}_{021}+\dot{I}_{031})+\dot{I}_{\mathrm{L}}$，其有效值等于 $3(I_{01}+I_{021}+I_{031})-I_{\mathrm{L}}$。

因此，可以得出谐振接地系统发生单相接地故障时的特点如下：

（1）非故障线路的零序电流等于零序电压对每相对地电容产生的电容电流之和，容性无功功率方向是由母线流向线路。

（2）故障线路的零序电流由两部分组成：非故障线路电容电流之和；消弧线圈产生的电感电流。如果消弧线圈处于过补偿状态，其容性无功功率的方向与非故障线路保持一致，即从母线流向线路。

残流增量法是通过改变消弧线圈的等效电感或阻尼电阻的大小，从而改变接地电流中有功分量或无功分量的大小，然后通过检测比较来实现选线。在新型柔性接地补偿装置接地系统中，可以灵活地改变中性点等效电感和等效电阻的量，为残流增量法的实现提供了方便。下面简要分析残流增量法的基本原理。

设谐振接地系统共有 n 条线路，第 k 条支路 A 相发生单相接地故障，R_i 为第 i 条线路的对地电阻，C_i 为第 i 条线路的对地电容，R_{L}、L 分别为消弧线圈的等效电阻和电抗，R_{d} 为接地电阻。

则非故障支路的零序电流为

$$\dot{I}_{0i}=\dot{U}_0\left(\frac{1}{R_i}+\mathrm{j}\omega C_i\right) \qquad i=1,2,3,\cdots,m;i\neq k \qquad (5\text{-}35)$$

消弧线圈支路电流为

$$\dot{I}_{0L} = \dot{U}_0 \left(\frac{1}{R_L} - j\frac{1}{\omega L} \right) \tag{5-36}$$

故障线路 k 零序电流为

$$\dot{I}_{0k} = -\left(\sum_{i=1, i\neq k}^{m} \dot{I}_{0i} + \dot{I}_{0L} \right) \tag{5-37}$$

中性点电压 $\dot{U}_0$ 为

$$\dot{U}_0 = -\frac{\dot{U}_A}{1 + R_d \left[j\left(\omega C_\Sigma - \frac{1}{\omega L} \right) + \frac{1}{R_\Sigma} + \frac{1}{R_L} \right]} \tag{5-38}$$

$$C_\Sigma = \sum_{i=1}^{m} C_i$$
$$\tag{5-39}$$
$$\frac{1}{R_\Sigma} = \sum_{i=1}^{m} R_i$$

消弧线圈改变电感等效量或阻尼电阻的阻值，其导纳由原来 $\frac{1}{R_L} - j\frac{1}{\omega L}$ 变为

现在的 $\frac{1}{R_L'} - j\frac{1}{\omega L'}$，则点性电压也会发生相应的变化，则现在的中性点电压为

$$\dot{U}_0' = -\frac{\dot{U}_A}{1 + R_d \left[j\left(\omega C_\Sigma - \frac{1}{\omega L'} \right) + \frac{1}{R_\Sigma} + \frac{1}{R_L'} \right]} \tag{5-40}$$

零序电压发生变化，则各支路的零序电流也会随之发生变化，那么非故障支路的零序电流的变化量为

$$\Delta \dot{I}_{0i} = \dot{I}_{0i} \left| \frac{\dot{U}_0'}{\frac{\dot{U}_0}{U_0}} \right| \tag{5-41}$$

由于消弧线圈调节前后零序电压发生了变化，所以非故障支路的零序电流实际上发生了变化，同样故障支路的零序电流也发生了变化。这样只从这一点来区分故障支路是非常困难的。如果通过折算使非故障支路的零序电流的变化量为零，非故障支路的变化量不为零，那么实现选线就容易多了。现在对消弧线圈调节后的各支路零序电流进行折算

$$\dot{I}''_{0i} = \dot{I}'_{0i} \frac{\dot{U}_0}{\dot{U}'_0} \quad i = 1, 2, \cdots, m \tag{5-42}$$

那么非故障支路的零序电流变化量表示为

$$\Delta\dot{I}_{0i} = \dot{I}''_{0i} - \dot{I}'_{0i} \tag{5-43}$$

这样，非故障支路的零序电流的变化量 $\Delta\dot{I}_{01} = 0$，即经过折算后，非故障支路的零序电流没有因为消弧线圈改变电感等效量或阻尼电阻的阻值而发生变化。

但对于故障支路，其零序电流的变化为

$$\Delta\dot{I}_{0i} = \dot{I}'_{0i} \frac{\dot{U}_0}{\dot{U}'_0} - I_{0i} = -U_0 \left(\frac{1}{R_L} - \frac{1}{R'_L}\right) - j\left(\frac{1}{\omega L} - \frac{1}{\omega L'}\right)^2 \tag{5-44}$$

故障之路的零序电流变化的有效值为 $U_0\sqrt{\left(\frac{1}{R_L} - \frac{1}{R'_L}\right)^2 + \left(\frac{1}{\omega L} - \frac{1}{\omega L'}\right)^2}$。

从以上分析可以发现，对消弧线圈调节后各支路的零序电流进行折算后，与调节前的零序电流做差，得到的结果只有故障支路的零序电流发生了变化，据此可实现对故障支路的判别。

如果单纯改变消弧线圈的电阻，则故障支路的零序电流变为 $\dot{U}_0\left(\frac{1}{R_L} - \frac{1}{R'_L}\right)$。并且故障支路零序电压与零序电流的相位差发生了变化。

消弧线圈调节前后，非故障支路零序电压与零序电流的相位差为

$$\varphi_{0i} = \angle\varphi\dot{U}_0 - \angle\varphi\dot{I}_{0i} = -\arctan\frac{\omega C_i}{1/R_i} \tag{5-45}$$

$$\varphi'_{0i} = \angle\varphi\dot{U}'_0 - \angle\varphi\dot{I}'_{0i} = -\arctan\frac{\omega C_i}{1/R_i} \tag{5-46}$$

由此可以看出，消弧线圈调节前后，非故障支路零序电压与零序电流的相位差是没有发生变化的。而故障支路在消弧线圈阻尼电阻调节前的情况是

$$\varphi_{0k} = \angle\varphi\frac{\dot{U}_0}{\dot{I}_{0k}} = -\angle\varphi\frac{\dot{I}_{0k}}{\dot{U}0} = -\angle\varphi\left[-\left(\sum_{\substack{i=1 \\ i\neq k}}^{m}\dot{I}_{0i} + \dot{I}_{0L}\right)/\dot{U}_0\right]$$

$$= \angle\varphi\left(\sum_{\substack{i=1 \\ i\neq k}}^{m}\dot{I}_{0i}/\dot{U}_0 + \dot{I}_{0L}/\dot{U}_0\right) = \sum_{\substack{i=1 \\ i\neq k}}^{m}\dot{I}_{0i}/\dot{U}_0 + \dot{I}_{0L}/\dot{U}_0 \tag{5-47}$$

$$= \sum_{\substack{i=1 \\ i\neq k}}^{m}\arctan\frac{\omega C_i}{1/R_i} - \arctan\frac{1/\omega L}{1/R_L}$$

故障支路在消弧线圈阻尼电阻调节后的情况是

$$\varphi_{0k}' = \angle\varphi\,\frac{\dot{U}_0'}{\dot{I}_{0k}'} = \sum_{\substack{i=1 \\ i \neq k}}^{m} \arctan\frac{\omega C_i}{1/R_i} - \arctan\frac{1/\omega L}{1/R_{\mathrm{L}}'} \tag{5-48}$$

从上面的两个式子就可以看出消弧线圈阻尼电阻调节前后故障支路零序电压与零序电流的相位差发生了变化，主要是因为流过消弧线圈的电阻电流只流经故障支路。因此，据此可以协助残流增量法完成选线工作，算作是对残流增量法的改进。

通过检测消弧线圈调节前后各支路零序电压与零序电流的相位差是否发生变化来判断故障线路，其实运用的是零序有功分量法的精髓，所以，刚才所介绍的选线原理可以算作是残流增量法和有功分量法的综合选线方法。

5.4 基于柔性接地的故障定位技术

中性点柔性新型接地技术是在传统接地方式的基础上，综合了消弧线圈与低电阻接地的特点，在合理的故障选线与判断的基础上，根据故障特征信息，通过投切装置控制柔性接地方式的工作状态，从而灵活应对可能出现的故障，配合继电保护装置保障配电网络安全稳定的运行。

$$i_{\mathrm{s}} = I_{\mathrm{Cm}}\frac{\omega_0}{\omega}\sin(\omega_0 t + \varphi)\mathrm{e}^{-\frac{t}{\tau_{\mathrm{C}}}} + I_{\mathrm{Lm}}\cos\varphi\,\mathrm{e}^{-\frac{t}{\tau_{\mathrm{L}}}} \tag{5-49}$$

由式（5-49）可知，在配电网发生单相接地故障的暂态零序电流中，既包含暂态电容电流，也包含暂态电感电流，两者频率相差很大，可利用 HHT 算法分别提取暂态电容电流分量和暂态电感电流分量构成配电网单相接地时的故障区段定位判据。

5.4.1 故障暂态特性分析

1. 暂态零序电容电流

虽然架空线路与电缆线路对地参数存在差异，但暂态零序电容电流自由振荡频率一般较高，在几百到数千赫兹之间。在高频作用下，消弧线圈感抗远远大于线路对地容抗，因此在计算暂态电容电流时可以忽略消弧线圈的影响。这样得到了如图 5-11 所示的 R_0、L_0、C_0 串联回路，从而可以确定暂态电容电流 i_{C} 的回路方程为

$$R_0 i_{\mathrm{C}} + L_0\frac{\mathrm{d}i_{\mathrm{C}}}{\mathrm{d}t} + \frac{1}{C_0}\int_0^t i_{\mathrm{C}}\mathrm{d}t = U_0\sin(\omega t + \varphi) \tag{5-50}$$

在接地电阻较小的情况下，满足 $R_0 < 2\sqrt{L_0/C_0}$ 的条件，在 $t=0$ 的时候，满足 $i_{\text{C.0s}} + i_{\text{C.st}} = 0$ 的初始条件。可以通过拉普拉斯变换求得暂态零序电容电流 i_C，i_C 由暂态自由振荡分量 $i_{\text{C.0s}}$ 和稳态工频分量 $i_{\text{C.st}}$ 组成，表达式为

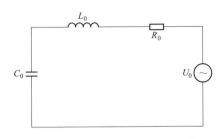

图 5-11　暂态零序电容电流回路

$$i_\text{C} = i_{\text{C.0s}} + i_{\text{C.st}} = I_{\text{Cm}}\left[\left(\frac{\omega_\text{f}}{\omega}\sin\varphi\sin\omega t - \cos\varphi\cos\omega_\text{f}\right)\text{e}^{\delta t}\right] + \cos(\omega t + \varphi)$$

(5-51)

其中
$$\delta = 1/\tau_\text{C} = R_0/2L_0$$

式中　I_{Cm}——暂态零序电容电流的幅值；

　　　　δ——自由振荡分量的衰减系数；

　　　　τ_C——回路时间常数，反应暂态零序电容电流衰减的快慢程度。

式（5-51）中含有 $\sin\varphi$ 和 $\cos\varphi$ 两个与故障初角相关的因子。因此在故障初相角 φ 为任意值时，均会产生暂态零序电容电流。当 $\varphi = \pi/2$ 时，暂态零序电容电流有最大值；$\varphi = 0$ 时，暂态零序电容电流有最小值。ω_f 为自由振荡分量的角频率，ω_f 与零序等值电路中自谐振角频率 $\omega_0 = \sqrt{1/(L_0 C_0)}$ 的关系为 $\omega_\text{f} = \sqrt{\omega_0^2 - \delta^2} = \sqrt{1/(L_0 C_0) - [R_0/(2L_0)]^2}$。一般线路满足 $1/(L_0 C_0) \gg [R_0/(2L_0)]^2$ 的条件，故可得 $\omega_\text{f} \approx \omega_\text{n}$。

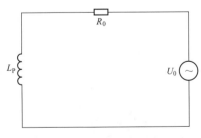

图 5-12　暂态零序电感电流回路

故障点上游与故障点下游的暂态零序电容电流可近似看作独立的暂态过程，故障电流表达形式相同，但由于故障点两侧的零序参数差异大，导致故障点两侧的暂态零序电容电流频率差异大，波形差异明显。

2. 暂态零序电感电流

暂态零序电感电流回路如图 5-12 所示。回路方程为

$$U_0\sin(\omega t + \varphi) = R_0 i_\text{L} + N\frac{\text{d}\Phi_\text{L}}{\text{d}t}$$

(5-52)

式中　N——所选消弧线圈分接头线圈匝数；

Φ_L——暂态电感电流在铁芯中的产生的磁通。

在消弧线圈的补偿范围内,消弧线圈工作在线性区域,可以认为 $i_L = N/L_P$。在 $t=0$ 时,暂态电感电流在消弧线圈中产生的磁通为零,即 $\Phi_L=0$。由 $\Phi_L=0$ 和 $i_L=N/L_P$ 两个初始条件可以求得磁通 Φ_L 的表达式为

$$\Phi_L = \Phi_{st} \frac{\omega L_P}{Z} \left[\cos(\varphi+\xi) e^{\sqrt{\frac{t}{\tau_L}}} - \cos(\omega t + \varphi + \xi) \right] \qquad (5\text{-}53)$$

式中 Φ_{st}——稳态时消弧线圈铁芯中的磁通,$\Phi_{st} = U_{phm}/(\omega W)$;

  ξ——暂态零序电感电流的相角,$\xi = \tan^{-1}[R_0/(\omega L_P)]$;

  Z——电感回路阻抗,$Z = \sqrt{R_0^2 + (\omega L_P)^2}$;

  τ_L——暂态零序电感回路时间常数。

暂态零序电感回路中 $R_0 \ll \omega L_P$,则回路零序阻抗 $Z \approx \omega L_P$,$\xi \approx 0$。同时将 $\Phi_L = \Phi_{0s} + \Phi_{st}$ 代入式(5-53)可得

$$\Phi_L = \Phi_{st} \left[\cos\varphi e^{-\frac{t}{\tau_L}} - \cos(\omega t + \varphi) \right] \qquad (5\text{-}54)$$

由 $i_L = i_{L.dc} + i_{L.st}$ 和 $I_{Lm} = U_{phm}/(\omega L_P)$ 可以得出暂态电感电流表达式 i_L 为

$$i_L = I_{Lm} \left[\cos\varphi e^{-\frac{t}{\tau_L}} - \cos(\omega t + \varphi) \right] \qquad (5\text{-}55)$$

分析式(5-55)可知,零序电感电流表达式中第一项为衰减非周期分量,第二项为稳态交流分量。暂态零序电感电流幅值为 $I_{Lm}\cos\varphi$,理论上当故障初相角 $\varphi = \pi/2$ 时,将不存在暂态零序电感电流;当 $\varphi = 0$ 时,暂态零序电感电流幅值最大,为稳态交流分量的 2.5~4 倍。但实际上,暂态零序电感电流的产生同时与消弧线圈铁芯的饱和程度有关,铁芯饱和程度越高,则衰减非周期分量也越大,但是衰减时间常数也会随之减小,衰减非周期分量的时间常数一般在 1~3 个周期,满足测量要求。

3. 暂态故障零序全电流

由上述分析可知,暂态故障电流中的两个暂态分量在对应频段无法互相补偿,因此工频状态下有关概念在暂态过程中不能应用。由故障零序网络中的电流分布情况可知,暂态零序电容电流分量既流经故障线路也流经正常线路。暂态零序电感电流由故障点流经故障线路,最终通过消弧线圈流入大地,非故障出线的衰减非周期分量非常小,可以忽略不计,因此故障点上游零序电流为

$$i_{0b} = I_{Cm.0b} \frac{\omega_{0b}}{\omega} \sin(\omega_{0b}t + \varphi) e^{-\frac{t}{\tau_{C.0b}}} + I_{Lm}\cos\varphi e^{-\frac{t}{\tau_L}} \qquad (5\text{-}56)$$

故障点下游的暂态零序全电流没有消弧线圈支路的影响,因此暂态分量为

自由振荡衰减的形式。由故障点流经线路对地零序电容形成回路表达式为

$$i_{0t} = I_{Cm.0t} \frac{\omega_{01}}{\omega} \sin(\omega_{01} + \varphi) e^{-\frac{t}{\tau_{C.01}}} \tag{5-57}$$

5.4.2 基于暂态电容电流斜率相关度的故障区段定位方法

1. 暂态电容电流分布规律

在暂态自由振荡频率下，消弧线圈感抗远大于分布电容容抗，因此在分析暂态零序电容电流故障判据时，暂态零序电感电流的影响很小，可近似忽略。同时在故障电阻较小的情况下，故障点上游和故障点下游的暂态过程可看作相互独立，因此故障点前后暂态零序电流特征由各自零序参数决定。于是通过分析暂态零序电容电流在故障点上游和下游故障暂态特征的不同，实现故障选线和故障区段定位。

对于一般配电网络，故障点上游线路（包括健全线路）的长度远远大于故障点下游线路长度，导致故障点上游、下游的对地零序电容差异很大。

由式（5-56）、式（5-57）可知，虽然故障点上游和故障点下游暂态零序电容电流表达式形式相同，但由于零序参数的差异使两侧暂态零序电容电流幅值和频率有较大的不同。暂态零序电容电流的分布规律如下：

（1）故障点上游方向暂态零序电容电流谐振幅值大、频率低；故障点下游方向暂态零序电容电流幅值小、频率高。两者差异较大，电流波形相似度低。

（2）同时位于故障点下游或者上游的两个相邻检测点，其暂态电容电流波形差异取决于两个监测点间的对地分布电容，一般数值较小。因此相邻监测点暂态电容电流幅值、频率基本相同，暂态波形相似度很高。

（3）对于健全线路的各检测点（含线路出口处）和故障线路故障点下游各检测点，其暂态电容电流为下游线路的分布电容电流，在线路末端接近为零。

因故障点下游较长或在架空、电缆混合线路中，故障点上游和故障点下游对地分布电容差异不大，故障点两侧频率差异不大，但故障点两侧暂态电容电流极性近似相反。

2. 斜率相关度原理

当故障点下游线路较长，或在架空、电缆混合线路中，故障点两侧频率差异不大的情况下，斜率相关度可反应暂态电容电流波形的正、负值来提升电流相似度判据的死区辨识度。

给定的两个时间序列 $X(t) = \{x(t_1), x(t_2), \cdots, x(t_n)\}$ 和 $Y(t) = \{y(t_1),$

$y(t_2), \cdots, y(t_n)\}$，其中 t_n 表示时间序列中的不同时间点。由 t 时刻到 $t+\Delta t$ 时刻，时间序列 $X(t)$ 和 $Y(t)$ 的变化量可以表示为

$$\begin{cases} \Delta x(t) = x(t+\Delta t) - x(t) \\ \Delta y(t) = y(t+\Delta t) - y(t) \end{cases} \tag{5-58}$$

因此，由 t 时刻到 $t+\Delta t$ 时刻，时间序列 $X(t)$ 和 $Y(t)$ 的斜率可以表示为

$$\begin{cases} k_x(t) = \dfrac{\Delta x(t)}{\Delta t} \\ k_y(t) = \dfrac{\Delta y(t)}{\Delta t} \end{cases} \tag{5-59}$$

时间序列 $X(t)$ 和 $Y(t)$ 的平均值的斜率可以表示为

$$\begin{cases} \bar{x} = \dfrac{1}{n} \sum\limits_{t=1}^{n} x(t) \\ \bar{y} = \dfrac{1}{n} \sum\limits_{t=1}^{n} y(t) \end{cases} \tag{5-60}$$

则时间序列 $X(t)$ 和 $Y(t)$ 在时刻 t 的斜率相关度系数的 $\rho(t)$ 可以表示为

$$\rho(t) = \mathrm{sgn}[\Delta x(t), \Delta y(t)] \frac{1 + \left| \dfrac{1}{\bar{x}} k_x(t) \right|}{1 + \left| \dfrac{1}{\bar{x}} k_x(t) \right| + \left| \dfrac{1}{\bar{x}} k_x(t) - \dfrac{1}{\bar{y}} k_y(t) \right|} \tag{5-61}$$

其中 $\mathrm{sgn}[\Delta x(t), \Delta y(t)]$ 为一符号函数，取值方法如下

$$\mathrm{sgn}[\Delta x(t), \Delta y(t)] = \begin{cases} 1, \Delta x(t) \Delta y(t) \geqslant 0 \\ -1, \Delta x(t) \Delta y(t) < 0 \end{cases} \tag{5-62}$$

由式 (5-62) 可以求得任一时刻两个时间序列间的斜率相关度系数，因此 X (4) 和 Y (4) 之间的斜率相关度系数如式 (5-63) 所示

$$\rho = \frac{1}{n-1} \sum\limits_{t=1}^{n-1} \rho(t) \tag{5-63}$$

斜率相关度系数反映了在同一时刻两个时间序列斜率变化量，斜率相关度表示了在全部时刻下两个时间序列间平均相似程度变化的平均值，并且只取决于两个时间序列的波形变化。

(1) $\rho > 0$ 表示两个时间序列正相关，$\rho < 0$ 表示两个时间序列负相关。

(2) 当 $\rho = 1$ 时，表示两个时间序列为完全一致；当 $\rho = -1$ 时，表示两个时间序列波形相位相反；当 $\rho = 0$ 时，表示两个时间序列不具相关性，完全不

相关。

（3）当$0<|\rho|<1$，表示两个时间序列具有相关性。ρ 的值越大，表示两个时间序列的相关性越大。

3. 暂态电容电流故障定位方案

当配电网某一线路发生单相接地故障时，暂态电容电流主要存在于故障后的第一个工频周期。从同步采样单元收集故障电流录波信息。通过 HHT 算法分解原始故障电流信号获得暂态电容电流。首先确定故障线路，将各个出线采样点的暂态电容电流可以表示为 $i_{cs}(s=1,2,\cdots,l)$。这些暂态电容电流可以看作时间序列 $i_{cs}=[i_{cs}(1),i_{cs}(2),\cdots,i_{cs}(n)]$，$n$ 代表时间序列采样个数。两两间的斜率相关度可以用一个 $l\times l$ 的矩阵 $\boldsymbol{\rho}$ 来表示

$$\boldsymbol{\rho}=\begin{bmatrix} 1 & \rho_{12} & \cdots & \rho_{1l} \\ \rho_{21} & 1 & \cdots & \rho_{2l} \\ \vdots & \vdots & \ddots & \vdots \\ \rho_{l1} & \rho_{l2} & \cdots & 1 \end{bmatrix} \tag{5-64}$$

通过矩阵运算可以有效减少数据计算量，某一出线与其他线路两两之间的斜率相关度的平均值为

$$\bar{\rho}_i=\frac{1}{l-1}\sum_{j=1,j\neq i}^{l} p_{ij} \tag{5-65}$$

再将线路 i 斜率相关度平均值$\bar{\rho}_i$逐一与其他线路的斜率相关度平均值$\bar{\rho}_j$做差后取和，记作 λ_i，即

$$\lambda_i=\sum_{j=1,j\neq i}^{l}(\bar{p}_i-\bar{p}_j) \tag{5-66}$$

这样，通过比较每条线路的 λ_i 与设定阈值 λ_{set} 做比较，从而可以直接选出故障线路。λ_{set} 的取值取决于配电网具体情况，通过不同的故障情况（不同馈线、不同故障点、不同接地电阻和不同接地相等）综合取值。一般情况下可取 $\lambda_{set1}=-0.5$。

（1）如果 $\lambda_i<\lambda_{set1}$，则单相接地故障发生在第 i 条线路。

（2）如果 $\lambda_i\geq\lambda_{set1}$，则单相接地故障发生在母线上。

确定故障线路后进行故障区段定位，计算故障线路上相邻两个检测点之间暂态零序电容电流斜率相关度 ρ。对于非故障区段两侧检测点，测量到的暂态零序电容电流波形相似程度高，斜率相关度 ρ 趋近于 1。对于故障区段两侧检测点，测量到的暂态零序电容电流相似程度低，斜率相关度 ρ 接近于 -1。将

各区段两侧检测点计算得到的斜率相关度与阈值 λ_{set2} 相比较，若斜率相关度小于阈 λ_{set2}，判断为故障区段，否则为非故障区段，依此类推，直至找到故障区段为止。

5.4.3　基于暂态电感电流的区段定位

由式（5-48）可知，在暂态接地电流中，存在呈衰减非周期特性的暂态电感电流分量。由于受消弧线圈电感的影响，在故障点和消弧线圈构成的回路中将产生幅值较大的衰减非周期分量，而且时间常数较暂态电容电流衰减周期长。而其他故障回路衰减非周期分量幅值很小，衰减时间常数很小，衰减迅速。定义故障路径为由电源侧（线路母线）指向负荷终端的方向作为电流参考方向，电源点到故障点所在的主干线及分支线路为故障路径。暂态衰减非周期电感电流分布规律如下：

（1）故障点上游暂态衰减非周期电感电流幅值大，衰减时间常数大；故障点下游暂态衰减非周期电感电流幅值小，衰减时间常数小，两者差异较大。

（2）同时处于故障点上游或者下游的两个相邻检测点，两者的暂态电感电流衰减时间常数几乎相同，幅值接近。

当配电网某一线路发生单相接地故障，从同步采样单元收集 100ms 的故障电流录波信息，据不完全统计，衰减非周期分量一般在 100ms 里衰减完毕。通过 HHT 算法分解原始故障电流信号获得暂态电感电流。记第 m 个测量点的衰减非周期分量为 x_i，计算各测量点衰减非周期分量均方根值为

$$X = \sqrt{\frac{\sum\limits_{i=1}^{m} x_i^2}{n}} \qquad (5\text{-}67)$$

设定衰减非周期分量的阈值为 K，通过不同的故障情况（不同馈线、不同故障点、不同接地电阻和不同接地相等）综合取值，一般设定为 3A。将各个测量点衰减非周期分量与阈值相比较，若 $x_i > K$，则表明该测量点在故障路径上；若 $x_i < K$，则表明该测量点不在故障路径上。

定义故障线路上两个测量点之间为可能故障的区域，记做 PFL（possible fault location）。通过测量点测量的暂态电感电流为通过可能故障区域内的暂态电感电流 $x_i (i=1, 2, \cdots, m)$。通过建立可能故障区域矩阵 PFL，测量点暂态电感电流矩阵。x_i 与关联矩阵 $\boldsymbol{A}$ 的关系，从而实现快速故障区段定位。下面给出关联矩阵 $\boldsymbol{A}$ 的建立步骤为：

1）对于一条有 m 个测量点、n 个可能故障区域的线路，则关联矩阵的维度 A 为 $m \times n$。

2）如果测量点 k 位于可能故障区域 i 和可能故障区域 j 之间，则将关联矩阵 A 的第 i 列加到第 j 列上，并在矩阵 A 的第 k 行第 j 列位置加 1。

3）重复步骤 2）直到所有测量点包含于关联矩阵 A。

关联矩阵 A 为上三角满秩矩阵，并且只取决于故障线路本身的拓扑结构。测量点暂态电感电流 x_i 与可能故障区域的关系可以表示为

$$[x_i] = [A][\text{PFL}] \tag{5-68}$$

其中，$[x_i]$ 和 $[\text{PFL}]$ 分别为暂态电感电流和可能故障区域的列向量。

6　国内接地故障处理案例

6.1　中性点经消弧线圈接地应用案例

中性点经消弧线圈接地方式能够提高供电可靠性。据电网运行经验证明，电网运行中发生的事故，70％为单相瞬时故障，如果直接跳闸将会很大程度影响供电可靠性，而经消弧线圈接地系统不仅能够在接地时补偿接地电容电流，降低其对设备的损害，还能通过不跳闸的方式进行灭弧，保证了供电可靠性，也保证电能质量不受影响，具有很高的实际应用价值。

6.1.1　中性点经消弧线圈接地系统

1. 金属性单相接地故障案例

某 35kV 变电站 10kV 线路发生金属性单相接地故障，故障电流幅值较大，故障特征明显，见图 6-1 和图 6-2。

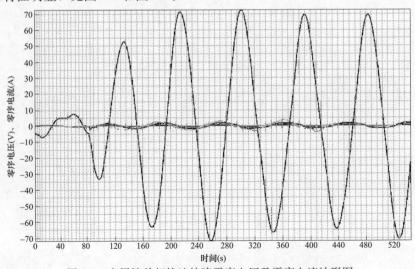

图 6-1　金属性单相接地故障零序电压及零序电流波形图

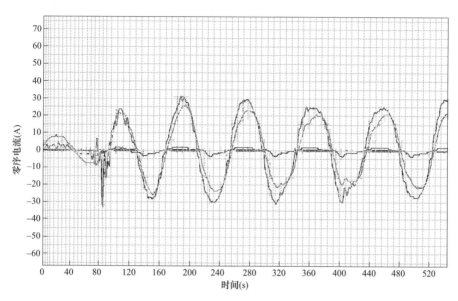

图 6-2　金属性单相接地故障零序电流波形图

2. 间歇性单相接地故障案例

某 35kV 变电站 10kV 线路发生间歇性单相接地故障，故障电流电压的暂态故障特征显著，见图 6-3 和图 6-4。

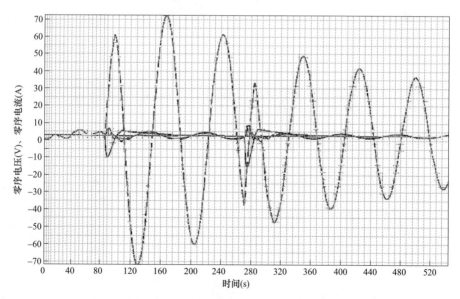

图 6-3　间歇性单相接地故障零序电压及零序电流波形图

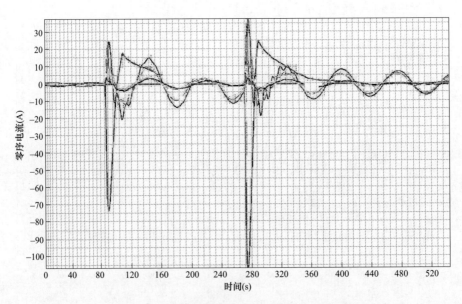

图 6-4　间歇性单相接地故障零序电流波形图

3. 瞬时性单相接地故障案例

某 35kV 变电站 10kV 线路发生瞬时性单相接地故障，接地瞬间过渡电阻较小，故障线路的电流电压故障特征显著，见图 6-5 和图 6-6。

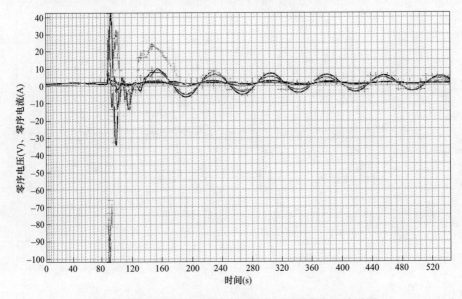

图 6-5　瞬时性单相接地故障零序电压及零序电流波形图

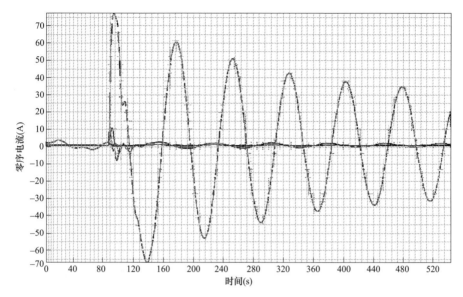

图 6-6 瞬时性单相接地故障零序电流波形图

4. 高阻接地故障案例

某 35kV 变电站 10kV 线路发生瞬时性高阻接地故障。接地瞬间过渡电阻值较大，故障线路的零序电流特征显著，但相电流变化较小，见图 6-7 和图 6-8。

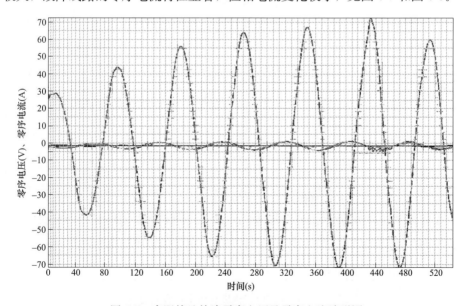

图 6-7 高阻接地故障零序电压及零序电流波形图

157

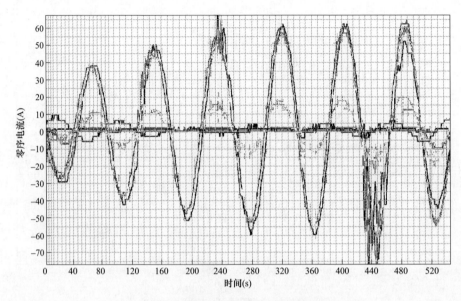

图 6-8 高阻接地故障零序电流波形图

6.1.2 消弧线圈经低电阻接地故障案例

1. 永久性单相接地故障，低电阻动作

2020 年 8 月 4 日，某 110kV 变电站 I 段母线馈线发生单相接地故障，零序电压维持在 6kV 左右，为低阻接地。接地持续约 10s 时零序低电阻投入——零序电压有明显降低，之后约 0.4s 零序电流保护动作，接地故障特征明显，见图 6-9～图 6-11。

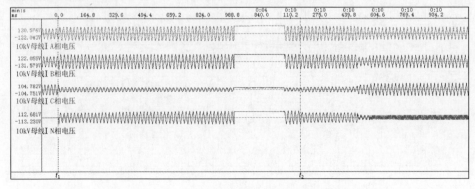

图 6-9 永久性单相接地故障全过程波形图

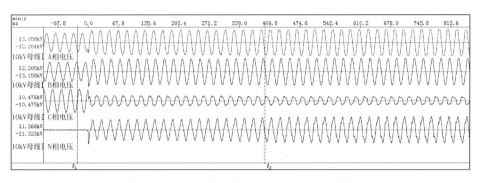

图 6-10   永久性单相接地故障起始时段波形图

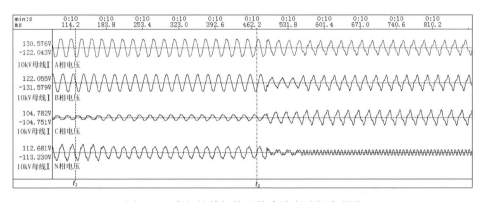

图 6-11   永久性单相接地故障消失时段波形图

2. 瞬时性单相接地故障，低电阻未动作

2020 年 9 月 17 日，某 110kV 变电站Ⅰ段母线馈线发生单相接地故障，零序电压 5.6kV 左右，为低阻接地。接地持续时间 4.2s，未到 10s 的低电阻投入延时时间，受消弧线圈补偿效果影响，故障恢复过程缓慢，约 200ms，见图 6-12。

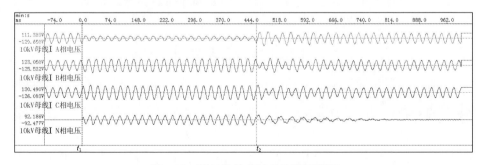

图 6-12   瞬时性单相接地故障波形图

3. 间歇性接地故障，低电阻未动作

2020 年 8 月 10 日，某 110kV 变电站 II 段母线馈线 A 相发生接地故障，接地持续 1s 后消失，8s 之后 A 相发生多次瞬时性单相接地故障。虽然接地过程整体持续 10s 以上，但单次接地持续时间均未达到 10s，未达到低电阻投入运行条件，见图 6-13。

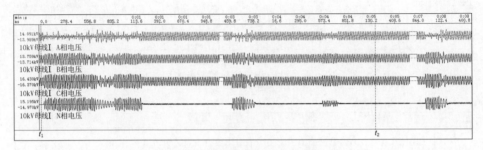

图 6-13　间歇性接地故障波形图

6.1.3　案例总结

当中性点经消弧线圈并联低电阻接地系统发生单相接地故障时，系统根据已测量的对地电容电流计算电感补偿电流，并控制可控电抗器输出补偿电流。瞬时性接地故障由电感电流补偿后，电弧熄灭，接地故障自动消除，避免了低电阻接地"有故障立刻跳闸"的动作指令。对于永久性接地故障经一定延时后投入电阻，利用电阻器投入后产生的显著特征信号，可以用保护装置直接跳开接地线路，以检测接地故障线路，确保配电网单相接地故障选线准确，促进快速配电网故障恢复。

对于消弧线圈补偿较长时间后（一般为 3～10s）接地故障仍然存在的情况，系统则判定为永久性接地故障，自动闭合高压接触器投入低电阻，馈线保护快速动作，切除故障线路。

6.2　柔性接地技术应用案例

柔性接地技术是在传统接地方式的基础上，综合了经消弧线圈与小电阻接地的特点，在合理的故障选线与判断的基础上，根据故障特征信息通过投切装置，控制柔性接地方式的工作状态，从而灵活应对可能出现的故障，配合继电保护装置保障配电网络安全稳定的运行。相比于架空线路经消弧线圈接地系统、纯电缆线路经小电阻接地系统，柔性接地技术对故障点冲击电流的抑制有

明显的优势，通过小电阻投切配合消弧线圈补偿系统，降低故障相电压恢复速度，故障过电压抑制水平强于消弧线圈接地方式。

6.2.1 柔性接地技术变电站系统介绍

国家电网有限公司对某 110kV 变电站在不改动原有消弧线圈接地方式的基础上，进行柔性接地的标准化改造和调试。在不对该 110kV 变电站 10kV 侧配电网运行方式、负荷进行任何改变的前提下，进行了多种工况下的单相接地故障试验，对柔性接地装置处理单相接地故障的效果进行了验证，安装现场如图 6-14 所示。站内 10kV 母线 Ⅱ、Ⅲ 并列运行，有功负载为 17.6MW，线路总数为 8 条，系统电压为 10.3kV，中性点零序电压为 311.0V，对地电容电流为 85.2A，脱谐度为 -2.8%，阻尼率为 4.1%。

图 6-14　保护室及户外柜安装图

6.2.2 变电站故障类型设置

从现场某 10kV 出线距变电站约 3km 处的环网柜 B 相引出试验线路，经过单相开关后经电缆安装在绝缘支架上。在消弧装置退出、投入这两种情况下，模拟经 1kΩ 过渡电阻的单相接地故障试验，现场如图 6-15 所示。

6.2.3 试验结果及分析

经 1kΩ 电阻单相接地故障的现场录波波形和试验数据分别如图 6-16 和表 6-1 所示。

图 6-15　试验现场图

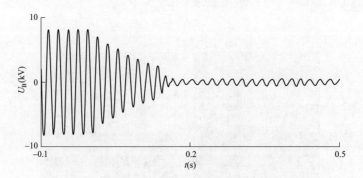

图 6-16　经 1kΩ 电阻单相接地故障的现场录波波形

表 6-1　　　　　　　　经 1kΩ 电阻单相接地故障的现场试验数据

状态	U_A（V）	U_B（V）	U_C（V）	U_0（V）	I_f（A）	t（ms）
正常态	6270	5740	5920	310	—	—
故障态	9080	1180	9630	4860	1.18	—
补偿后	10 360	210	10 550	6120	0.23	150

由现场试验录波波形和试验数据得到的主要结论如下：

（1）改装的柔性接地成套装置兼容原有消弧线圈等一次设备，可用于经消弧线圈非有效接地配电网的升级；成套装置能够正确选相并进行补偿，零序电压源将中性点电压由故障态的 4860V 调控到补偿态的 6120V，将故障相电压由 1180V 抑制到 210V，并使得故障点残流由 1.18A 减少到 230mA，从故障开始到补偿结束的时间约为 150ms。

（2）发生瞬时性故障时，该消弧装置进行补偿后，约 5s（定值可整定）后自动退出，恢复电网正常状态，不需要人工退出机制；发生永久性故障时，装置进行补偿后，约 20s（定值可整定）后自动识别故障类型。

（3）本消弧装置可对瞬时故障进行安全消弧、对永久故障进行迅速隔离，并调控故障相电压，将故障点电压抑制到 300V 以下，使接地点残流均为毫安级、故障点接近零电压零电流，在补偿过程中现场不会产生过电压级谐波电流，提高了供电可靠性，保证了人身和设备安全。

6.3 主动干预型消弧装置应用案例

6.3.1 案例背景介绍

某 110kV 变电站安装 2 套主动干预型消弧装置，见图 6-17，为低励磁阻抗变压器型产品，该装置主要是采用低励磁阻抗变压器接地。低励磁阻抗变压器可以通过变压器阻抗限制相间短路电流，也可在变压器二次侧注入异频信号，结合配电网故障指示器，可实现故障定位。

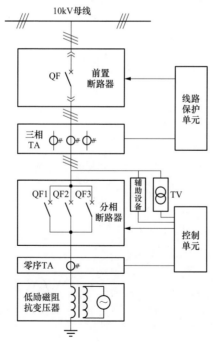

图 6-17 低励磁阻抗变压器型主动干预型装置

该站主动干预型消弧装置参数设置情况如表 6-2 所示。

表 6-2   主动干预型消弧装置参数设置

零序电压启动定值（二次值）	10V
装置第一次接地保护动作保持时间	20s
装置第二次接地保护动作保持时间	90s
装置第三次接地保护动作保持时间	600s
装置过电流保护定值（一次值）	100A
低励磁阻抗变压器额定电流（一次值）	150A

6.3.2   主动干预消弧线圈装置的实际案例分析

以下是主动干预型消弧装置动作波形分析，选相波形显示依次为零序电压 U_0、线电压 U_{ab}、线电压 U_{bc}、线电压 U_{ca}、相电压 U_a、相电压 U_b、相电压 U_c。每个波形录制动作前后共 14 个周波（每周波 20ms），前 7 个周波为装置动作前，后 7 个周波为装置动作后。选线 1 波形显示依次为零序电压 U_0、装置零序电流 $\sum I_0$（单相接地故障转移电流）、各条 10kV 馈出线零序电流。每个波形录制动作前后共 14 个周波，其中前 6 个周波为装置动作前，后 8 个周波为装置动作后。

1. 645 线路 C 相出现瞬时性单相接地故障

由图 6-18 和图 6-19 波形分析：3 月 25 日 02∶09∶39，装置根据系统零序

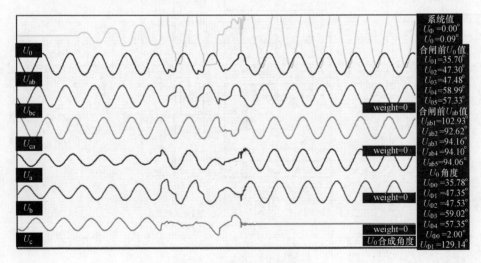

图 6-18   选相选线合闸波形

电压的矢量变化判断 C 相接地，装置 C 相动作，U_c 趋近于 0，U_a、U_b 上升接近线电压，U_{ab}、U_{bc}、U_{ca} 不变。同时装置根据动作前后馈线零序电流矢量变化特征，选出 645 线路故障，20s 后装置复归，故障消失，系统恢复正常，判断为瞬时性故障。

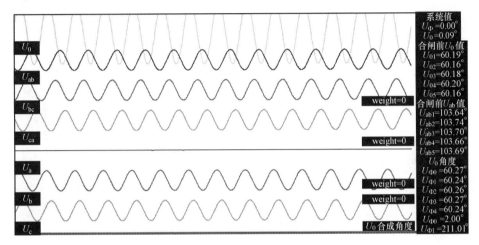

图 6-19　选相选线分闸波形

2. 643 线路 C 相出现瞬时性单相接地故障

由图 6-20 和图 6-21 波形分析：4 月 3 日 01：40：02，装置根据系统零序电压的矢量变化判断 C 相接地，装置 C 相动作，U_c 趋近于 0，U_a、U_b 上升接近

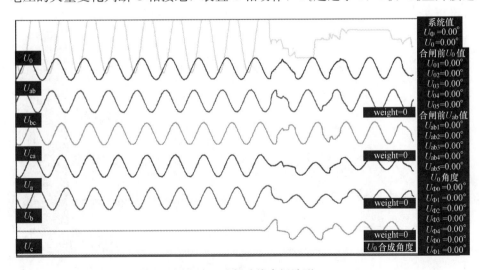

图 6-20　选相选线合闸波形

线电压，U_{ab}、U_{bc}、U_{ca}不变。同时装置根据动作前后馈线零序电流矢量变化特征，选出 645 线路故障，20s 后装置复归，故障消失，系统恢复正常，判断为瞬时性故障。

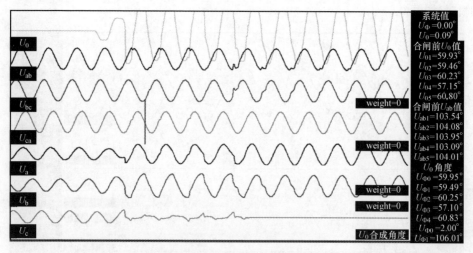

图 6-21　选相选线分闸波形

3. 641 线路 C 相出现瞬时性单相接地故障

由图 6-22 和图 6-23 波形分析：5 月 19 日 15：30：17，装置根据系统零序电压的矢量变化判断 C 相接地，装置 C 相动作，U_c 趋近于 0，U_a、U_b 上升接近线电压，U_{ab}、U_{bc}、U_{ca} 不变。同时装置根据动作前后馈线零序电流矢量变化特

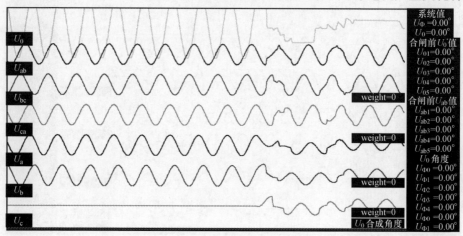

图 6-22　选相选线合闸波形

征，选出 641 线路故障，20s 后装置复归，故障消失，系统恢复正常，判断为瞬时性故障。

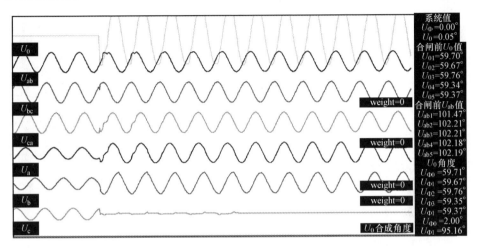

图 6-23　选相选线分闸波形

4. 623 线路 A 相出现永久性单相接地故障

由图 6-24 和图 6-25 波形分析：9 月 23 日 14：34：21，装置根据系统零序电压的矢量变化判断 A 相接地，装置 A 相动作，U_a 趋近于 0，U_b、U_c 上升接近线电压，U_{ab}、U_{bc}、U_{ca} 不变。同时装置根据动作前后馈线零序电流矢量变化特征，选出 623 线路故障，16：44：12 装置复归，故障消失，系统恢复正常，判断为永久性故障。

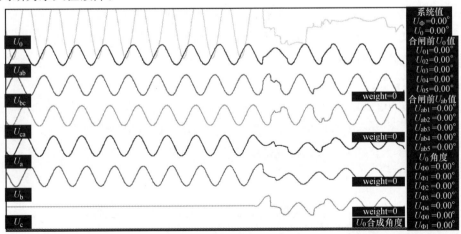

图 6-24　选相选线合闸波形

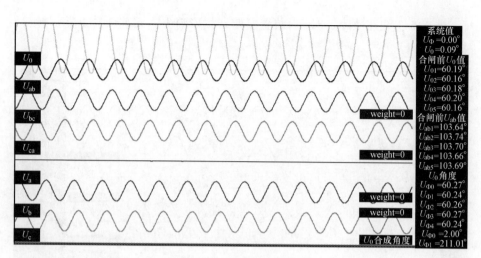

图 6-25　选相选线分闸波形

6.3.3　案例总结

主动干预型消弧装置在配电网发生单相弧光接地故障时，通过在母线处投入选相接地开关，旁路故障点，将弧光接地故障转化为金属性接地故障，实现接地故障转移，钳制故障相电压接近为零，从而阻止故障点电弧重燃以及弧光过电压的产生。主动干预型消弧装置的基本功能包含判断故障相及故障所在线路。判断故障相是指在 A、B、C 三相中找到发生单相接地故障的相别；判断故障线路是指在变电站多条出线中找到故障所在的线路。故障相的正确判断是故障电流转移的基础，而选线功能为故障排查及处理提供支撑。选相的正确性是该类装置应用的关键，一旦选相错误，将导致线路故障点与母线处主动干预型消弧装置的接地点形成相间短路，主动干预型消弧装置在母线处的接地点，造成故障扩大的风险。

装置选相选线判断的难易度与故障环境有关，当发生金属性接地等低阻接地故障时，故障零序特征量明显，选相较为简单，而发生高阻接地故障（零序电压二次值小于 20V）时，特别是单相弧光高阻接地时，故障零序特征量不明显，存在误选相的可能。

6.4　一二次融合装置开关动作应用案例

一二次融合装置具有自动告警、应急处置、运行实时监测、维保检验、信息监察、后台数据统计分析等功能。其开关本体由零序电压传感器、控制单元、电压互感器（TV）、连接电缆组成。分段/联络断路器成套设备，内置 3 个电流互感器（TA）和 1 个零序电流互感器，外置 2 台电磁式单相电压互感器（双绕组，提供电源、线电压信号）并安装在开关两侧。

柱上开关侧采用 1 个 26 芯航空插头从开关本体引出零序电压、电流及控制信号，接入到馈线终端（FTU）的航空插头，采用 2 根电缆提供供电电源、线电压信号（采用电磁式 TV 取电），FTU 航空插头接口包括供电电源及线电压输入接口、电流输入接口、控制信号与零序电压接口、以太网接口。与开关本体相连的电缆在 FTU 侧分别连接到电流输入、控制信号航空插头；与 TV 电源相连的电缆在 FTU 侧连接到供电电源和电压航空插头。

配电线损采集模块内置于箱式 FTU 中，支持热插拔，可进行单独计量、校验，满足计量取证及型式实验的要求；计量采样取自电磁式 TV 和 TA。电流互感器安装于断路器出线端，采用插拔结构，维护方便。

6.4.1 某地一二次融合装置动作案例

某公司生产的一二次融合的配电自动化站所终端，对接地故障瞬间的零序电压、电流暂态特征进行研判，具备国家电网标准要求的小电流接地判断功能。

其具体的判断逻辑：从接地时刻起，配电终端识别零序电压和零序电流的第一个半波的暂态方向，零序电流和零序电压方向相反则为区内故障，即接地点在此开关下游，小电流接地逻辑开始启动计时，计时到设定延时后告警或跳闸。

小电流接地系统，发生接地故障后，接地点上游零序电压与零序电流方向相反，接地点下游零序电压与零序电流方向相同，根据零序电压、电流方向就可以选出接地故障区段。

中性点经消弧线圈接地时，发生接地故障后，消弧线圈进行补偿，接地线路与非接地线路零序电流方向一致。需要注意的是，采用稳态零序电压、零序电流大小及角度进行研判，就无法有效研判接地故障，造成漏判。但接地故障时，消弧线圈对高频分量补偿不明显，零序电流和零序电压暂态方向依然相反，所以对于中性点经消弧线圈接地系统，采用暂态特征小电流接地算法依然可以准确研判。

2020 年 4 月 18 日 11：39：24 左右，某二回方 3501 开关分闸，主站报

"反向闭锁"告警信号。某二回方 3501 开关事件顺序记录（SOE）见表 6-3。

表 6-3   **方 3501 开关 SOE**

2020-04-18	11：39：24-702		零序电流告警
2020-04-18	11：39：24-720		故障跳闸
2020-04-18	11：39：24-797		开关合位分
2020-04-18	11：39：24-871		电源反向闭锁
2020-04-18	11：39：24-905		A 侧 X 时限闭锁
2020-04-18	11：39：26-756		电源侧 TV 异常

6.4.2 事故原因分析

从现场 3501 开关装置中的 SOE 记录可看出，3501 开关跳闸是由于零序过电流导致，开关跳闸后，电源侧电压消失，导致装置判电源侧残压闭锁（残压闭锁判断条件：开关分位，电压有下降沿）。

装置录波文件中未产生零序过电流录波文件的原因是馈线自动化功能中零序过电流定值为 1A，常规保护中的零序过电流定值为 2A，常规保护中的零序过电流功能未启动，导致装置未产生零序过电流录波。根据用户现场反馈，某二回方 3501 开关后端并未发生故障，但是方 3501 开关检测到了零序过电流，查看 4 月 20 日装置正常运行时的录波，如图 6-26 所示，I_0 零序电流幅值与相电流幅值一样，I_0 零序电流方向与 I_c 相电流反向。

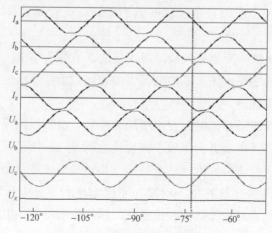

图 6-26 装置正常运行时的录波

工程现场实际截取装置的采样值如表 6-4 所示。

表 6-4   **工程现场采集数据**

名称	大小	相位
I_a	0.926A	$-151.8°$
I_b	0.886A	$-33.4°$
I_c	0.928A	$84.7°$
$3I_0$	0.930A	$-94.2°$
U_a	105.97V	$0.0°$
U_b	0.00V	$113.3°$
U_c	104.93V	$-60.3°$
$3U_0$	2.58V	$-120.3°$

根据录波以及装置实际采样值分析，判断某湖二回方 3501 开关电流航插可能存在插接错序或者航插内接口破损，导致装置采集到的零序电流错误的问题。

6.4.3 案件总结

针对上述在 3501 开关发生的一二次融合装置开关动作问题，结合现场故障数据分析，总结如下：

（1）现场查看方 3501 开关电流航插插接顺序是否正确，若插接顺序有误当及时调整；现场查看 3501 开关电流航插接口部分是否破损，若接口部分有破损，则需更换航插接口。

（2）一二次融合的故障处理装置，需要与常规保护相结合，以提高保护的可靠性。

6.5 站内站外协同处理应用案例

配电网站内站外协同处理是指借助自动化 FTU 设备，通常设置在配电网终端，可以实现与配电网一次设备的直接连接，快速准确地采集配电网线路的物理参数和信息，实现一定的控制操作。最终，通过 FTU 设备采集的数据信息，在配电网主站结合监测原理进行科学、全面、深入的分析，确定故障位置，实现配电网系统的站内站外协同控制。

6.5.1 接地故障协同处理案例

某 110kV 智能配电网采用站内站外协调的故障处理装置，其系统如图 6-27 所示，系统架空型智能传感器（SGS）可随时、随地带电安装，其采用的广域同步相量测量技术可测量电流、温度（可选）、谐波等信息。剩余电流监测装置（RCMU）可用于采集电缆三相电流，与架空型原理相同，适用环网柜（FDCU）、开关站、变电站信息。边缘计算单元（BDCU）可采集分段母线的零序电压，汇集同段母线所有采集单元相电流，基于短路过电流、过电流和相点电流不对称算法实现本地故障判决定位，大幅降低主站通信数据负荷。最终，通过边缘计算单元 BDCU 汇集母线段内所有故障数据，通过 IEC 60870-5-101《远动设备及系统　第 5 部分：传输规约　第 101 篇：基本远动任务配套标准》接入配电网自动化主站，实现站内站外故障协同处理。

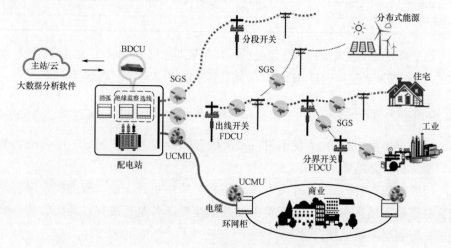

图 6-27　某 110kV 智能配电网系统图

该系统监测到的故障信息如下：2022 年 2 月 1 日12：01：49，某变电站母线 1 段某线和电缆分接箱梯 T 接支干线之间发生永久性接地故障，零序电压达到 150 多伏，零序电流峰值将近 214A，属于金属性接地故障。约 5min 后，12：06：37，母线 1 段某线之后发生 BC 两相短路，造成支线断路器跳闸。故障信息如表 6-5 所示。

表 6-5　　　　　　　　　　　　某站故障信息

故障时间	接地故障持续时间（s）	故障类型	故障相	故障区域
2022-02-01 12：04：50	805	永久接地	C 相接地	某变电站母线 1 段某线和电缆分接箱梯 T 接支干线之间
2022-02-01 12：06：37	0	相间短路	BC 两相短路	

6.5.2 事故原因分析

首先，基于母线 1 段某线和母线 2 段某线波形数据进行分析，如图 6-28 所示，发现母线 1 段和母线 2 段 $3U_0$ 电压波形不一致，说明是分列运行；母线 1 段 $3U_0$ 波形最大幅值超过 150V，说明是金属性接地故障。

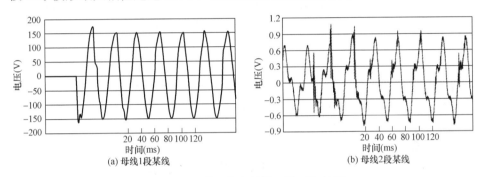

(a) 母线1段某线   (b) 母线2段某线

图 6-28　母线 1 段和母线 2 段 $3U_0$ 波形

接着，基于 1023 某线 61 号与其他线路零序电路波形数据，从图 6-29 可以

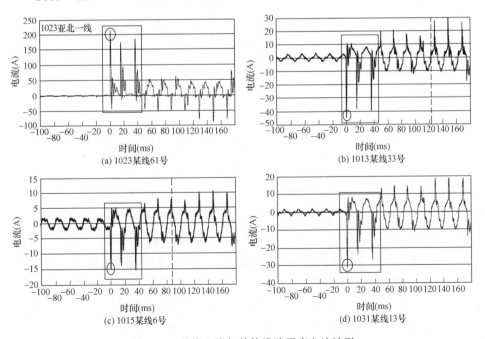

(a) 1023某线61号   (b) 1013某线33号

(c) 1015某线6号   (d) 1031某线13号

图 6-29　某线 1 线与其他线路零序电流波形

看出 1023 某线与其他线路的零序电流极性相反，其零序电流（峰值 214A）大
于其他线路的零序电流（峰值分别为 42、11、31A）。因此，判定接地在 1023
某线。

其次，基于 1023 某线不同线路节点波形数据，从图 6-30 可以看出 1023 某线
3、33、53、61 号零序电流极性相同，在零序电流极性相同的情况下，接地点在
零序电流大的一侧，通过数据比较，可以看到 61 号杆零序电流幅值为 214A，明
显大于 3 号杆零序电流 185A。因此，接地点一定在 1023 某线 61 号杆之后。

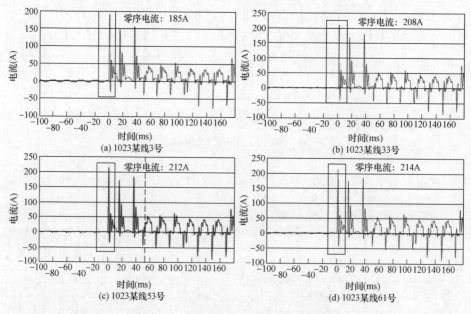

图 6-30　1023 某线不同节点零序电流波形

然后，基于图 6-31 故障分量波形数据可以看出，1023 某线在故障时刻，C
相电流故障分量最大，确认接地相为 C 相。

最后，基于图 6-32 不同时刻故障波形，1023 某线 61 号杆在永久性接地发
生 5min 后，B、C 相负荷电流从 100 多安突变到故障电流 4000 多安，形成 B、
C 相间短路，短路故障持续 50ms。在后 4 个周波，看到线路负荷已降到 0，运
输公司分支线 35 断路器跳闸。

经现场人员巡查，故障原因为 1023 某线 62 号 T 接运输公司分支线 002 号
杆电缆被热力公司挖掘机挖断，抢修工作完成后，于 16：56 全部恢复供电，
现场如图 6-33 所示。

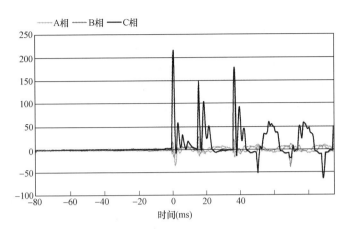

图 6-31 1023 某线三相电流故障波形

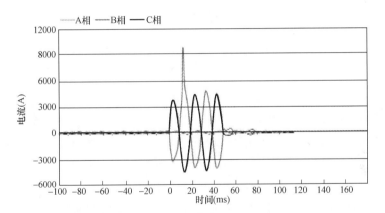

图 6-32 1023 某线不同时刻故障波形

图 6-33 1023 某线事故现场

6.5.3　案件总结

此次故障表明了短路故障多发生在接地故障之前，准确对接地故障进行报警并及时隔离有助于避免其发展到恶性的短路故障；对瞬时接地故障的大数据分析可以实现绝缘缺陷预警，及时检测到传统线路保护和监测装置无法感知的线路异常，在发展到永久性故障前排除线路隐患，实现主动消缺。

通过故障录波波形分析，故障选线、选段、选相准确，系统报警信息正确。证明接地短路故障指示器可以有效地解决困扰配电网多年的接地故障查找和定位难题，同时实现了绝缘缺陷预警功能，抓住了故障恶化之前的小征兆，实现对设备的状态监测和早期故障预警功能，避免了非故障线路的停电，缩短了故障排查时间，有效提高了供电可靠性和运维效率。

6.6　选线装置应用案例

系统单相接地时，正常线路接地电流为本线路对地电容电流，而接地线路的零序电流为其他正常线路对地电容电流之和且方向从线路指向母线，传统的接地选线装置主要通过检测各线路零序电流的大小，判断零序电流最大的线路为接地线路，但是由于消弧线圈的补偿效果，此类判定方法准确率较低，一般在 30% 及以下水平。新型转移型接地选线装置颠覆了传统接地选线原理，通过与母线直接连接的三相接地开关将接地相转为死接地，将所有接地电容电流转移至其自身的接地开关，同时利用接地电流转移前后对所有线路的电容电流大小及方向进行比较，判定变化量最大且方向发生改变的线路为接地线路。

6.6.1　某钢厂选线故障案例

某钢厂 02 集控站为其中心变电站之一，为下属 6 个变电站及轧钢区域的总降变电站，高压侧为 66kV 双母线，经 3 台主变压器降至 10kV，低压侧也为双母线，三段母线间都有分段开关，共 25 个配出开路，22 条配出线为直埋电缆，其他 3 条为架空线加电缆供电。由于厂区地理环境复杂，供电范围极大，站内接地故障次数较多。该钢厂为避免类似事故再次发生，减少选接地过程中的操作过电压对电气设备的损伤，通过市场调研，决定在 02 变电站应用转移型接地选线装置，其工作原理图 6-34 所示。

虚线部分即为新安装的选线装置（相关 TV、其他电气采集设备及选线装置省略），三段母线都有独立的电压采集装置及三相接地开关，但是所有的零序电流信号统一接入一台接地选线装置中,通过电压信号判断哪段母线哪相接地,通过唯一的选线装置判断哪个配出接地,最终在后台报出全部接地信息——××母线××配出×相接地。在系统接地后,通过与母线直接连接的三相接地开关将接地相转为死接地,将所有接地电容电流快速(快于消弧线圈动作速度)转移至其自身的接地开关,同时选线装置通过对转移前后所有线路的电容电流大小及方向进行比较,判定变化量最大且方向发生改变的线路为接地线路。

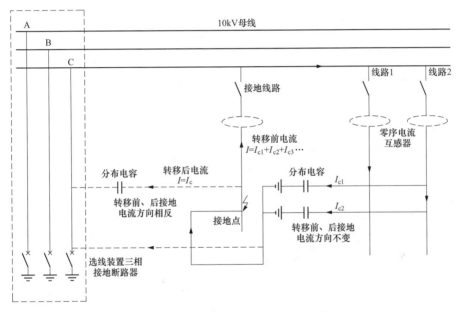

图 6-34 转移型接地选线装置工作原理

2019 年 1 月 24 日 09:00:24,站内新装选线装置后台显示 10kV 一母水处理 1 号 C 相接地;选线装置接地开关 C 相动作,系统转为 C 相死接地,确认现场无问题后,09:03:37 手动复归,同时,系统接地转为大连铸 4 号 B 相接地,选线装置接地开关 B 相动作,系统转为 B 相死接地。32s 后大连铸 4 号现场受电柜短路跳闸,选线装置自动复归。

6.6.2 事故原因分析

从表 6-6 的接地故障信息记录可看出,装置先报 B 相弧光接地,随后又报 B 相高阻接地,并将 B 相合闸。选线装置第一次动作是由于系统(水处理 1

177

号）瞬时性接地故障（绝缘击穿等）引起，选相结果正确，选线有两种情况：第一种可能是选线正确，水处理变电站瞬间接地；第二种可能是装置误动作。当开口电压大于30V后，装置启动判断，在前两个周波内，均满足高阻接地和弧光接地的判断条件。

基于上述分析，初步判断是由于接地开关断开瞬间，消弧线圈与对三相对地电容发生并联谐振而起。当接地开关打开的瞬间，消弧线圈将与对地电容形成并联谐振，并在系统的中性点产生零序电压，该电压导致三相电压严重不平衡。在系统接地恢复的过程，消弧线圈与对地电容谐振过程随着能量的消耗而逐步衰减，直到消失。

中性点电压在3s时开始谐振，并产生零序电压到4.5s衰减结束。随着谐振的衰减，三相电压逐步趋向配合，零序电压逐步降到零。消弧线圈与对地电容谐振的频率在50~70Hz，从而导致选线装置的错误判断。

表6-6   某钢厂故障信息

装置	报警类型	A相电压(V)	B相电压(V)	C相电压(V)	中性点电压(V)	接地电流(A)	时间
消弧2	一级合闸输入无效	59.72	66.03	66.04	1.75	0.22	09：04：09
消弧1	B相高阻接地故障排除	36.91	35.32	34.95	4.40	0.77	09：04：09
消弧1	B相弧光接地故障排除	36.91	35.32	34.95	4.40	0.77	09：04：09
消弧1	B相分闸	36.91	35.32	34.95	4.40	0.77	09：04：09
消弧1	三级合闸输入无效	66.86	66.47	61.61	1.61	0.66	09：04：09
消弧3	C相高阻接地故障排除	116.42	117.96	2.29	119.61	26.62	09：03：37
消弧1	B相高阻接地故障	116.42	117.96	2.29	119.61	26.62	09：03：37
消弧1	B相弧光接地故障	116.42	117.96	2.29	119.61	26.62	09：03：37
消弧1	C相分闸	116.42	117.96	2.29	119.61	26.62	09：03：37
消弧1	B相合闸	116.42	117.96	2.29	119.61	26.62	09：03：37
消弧1	操作员执行复位工作	116.42	117.96	2.29	119.61	26.62	09：03：37
消弧1	C相高阻接地	116.72	118.42	2.12	119.97	26.92	09：00：24
消弧1	C相合闸	116.72	118.42	2.12	119.97	26.92	09：00：24
消弧1	一级合闸输入有效	66.83	61.27	61.66	1.77	0.22	09：00：24
消弧3	三级合闸输入有效	62.24	62.61	62.46	1.62	0.66	09：00：24

6.6.3 案件总结

由于本工程是第一套使用转移型接地选线装置的科研项目，实施方案经过各级专家领导的审议，为预防选线装置长时间退出后电容电流较大对接地设备造成损伤进而扩大事故的可能性，最终研究决定还是采取选线装置与消弧线圈并列运行的方式。所以在本次选线过程中接地开关复归瞬间造成了选线装置的误判，虽然未给系统带来其他影响，但是也给岗位及调度人员的判断带来了一定的困扰。项目在正式投运前进行了充分的实际模拟接地实验，通过换相、换线、更换接地类型（高阻、弧光）等，共进行了 6 次不同的接地模拟实验，装置正确率达到了 100%。但是通过在实际应用过程中，接地复归瞬间出现了重复动作的过程，说明系统运行方式或者操作过程还存在一些问题，故做出以下整改措施：

（1）为保证选线装置选相、选线可靠性，暂时退出消弧线圈，只投入选线装置，先运行观察一段时间，再整改完善。

（2）若不退出消弧线圈，在选线装置动作、正确选相和选线完成后，确认接地设备解除或判定为瞬时接地后，先将选线装置退出运行，再将选线装置的接地开关复归，即便消弧线圈与对地电容发生谐振，但选线装置已经退出，三相接地开关停止工作，待谐振衰减后，系统恢复正常，再将选线装置投入运行进行二次判断。

6.7　基于线路开关的故障处理应用案例

配电网深入用户终端，结构复杂，环境多变，发生单相接地故障时往往会伴随有线路断线，在故障点周围存在较大电压。如果未能及时、准确地将接地配电线路停运，行人和线路巡视人员（特别是夜间）可能会发生人身触电伤亡事故，也可能出现牲畜触电伤亡事故，严重威胁人民群众生命和财产安全。另外，单相接地故障发生后，可能发生间歇性弧光接地，造成谐振过电压，产生几倍于正常电压的过电压，对电力设备的安全运行产生危害，带来巨大经济损失。该故障为消弧线圈接地系统中的发展性单相接地故障，如果不能及时切除将对线路及设备产生非常大的影响。

6.7.1　线路开关故障案例

新型磁控开关装置可综合线路整体情况，设置磁控开关处于选线和分段两种模式，可分别设置接地重合闸延时、小电流零序电压启动定值、小电流接地故障跳闸时间，具备接地故障选线选段功能，相关设备线路关系如图 6-35 所示。

2021 年 3 月 25 日 08：15，某线路 60/110 号杆门 K7057 磁控断路器与后端某路 60/110/13 号杆门 K70017 普通弹操断路器同时保护跳闸，故障点在 K70017 后端界内，为相间短路故障。门 K7057 保护动作后，上送了完整 SOE 记录。另 K7057 上级的 60/3 号杆磁控断路器门 K7003 正常未动作（级差为 0.1s）。

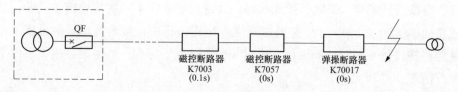

图 6-35　相关设备线路关系示意图

6.7.2　事故原因分析

（1）某路 60/110 号杆门 K7057 磁控断路器信息见表 6-7。

表 6-7　　　　　　　60/110 号杆门 K7057 磁控断路器信息

控制器型号	控制器编号	保护定值			备注
		过电流保护Ⅰ段	零序电流保护Ⅰ段	小电流告警	
FDR-115/YKEG-E004	2009112123	480A/0s	4A/10s	1.95V/15s	上进下出，正向安装

　1）读取控制器历史记录（SOE 见图 6-36），记录如下：

24	开关分位	动作	2021-03-25 08:15:29 Mar	749	-	0	-	0		0	0
25	开关合位	返回	2021-03-25 08:15:29 Mar	749	-	0	-	0		0	0
26	涌流抑制生效	动作	2021-03-25 08:15:29 Mar	735	U_A/U_B 1.82/1.95	U_C/U_0 1.89/0	I_A/I_B 0/0	I_C/I_0 0/0
27	过电流告警总	返回	2021-03-25 08:15:29 Mar	714	U_A/U_B 1.48/1.55	U_C/U_0 1.75/0.09	I_A/I_B 0.6/0.6	I_C/I_0 0/0
28	I_b过电流告警	返回	2021-03-25 08:15:29 Mar	714	U_A/U_B 1.48/1.55	U_C/U_0 1.75/0.09	I_A/I_B 0.6/0.6	I_C/I_0 0/0
29	过电流告警	返回	2021-03-25 08:15:29 Mar	714	U_A/U_B 1.48/1.55	U_C/U_0 1.75/0.09	I_A/I_B 0.6/0.6	I_C/I_0 0/0
30	过电流Ⅰ段保护	返回	2021-03-25 08:15:29 Mar	714	U_A/U_B 1.48/1.55	U_C/U_0 1.75/0.09	I_A/I_B 0.6/0.6	I_C/I_0 0/0
31	过电流Ⅰ段告警	返回	2021-03-25 08:15:29 Mar	714	U_A/U_B 1.48/1.55	U_C/U_0 1.75/0.09	I_A/I_B 0.6/0.6	I_C/I_0 0/0
32	过电流Ⅰ段告警/b	返回	2021-03-25 08:15:29 Mar	714	U_A/U_B 1.48/1.55	U_C/U_0 1.75/0.09	I_A/I_B 0.6/0.6	I_C/I_0 0/0
33	过电流Ⅰ段告警/a	返回	2021-03-25 08:15:29 Mar	714	U_A/U_B 1.48/1.55	U_C/U_0 1.75/0.09	I_A/I_B 0.6/0.6	I_C/I_0 0/0
34	涌流抑制生效	动作	2021-03-25 08:15:29 Mar	707	U_A/U_B 1.21/1.45	U_C/U_0 1.72/0.14	I_A/I_B 1.14/1.14	I_C/I_0 0/0
35	开出反馈	返回	2021-03-25 08:15:29 Mar	702	-	0	-	0		0	0
36	分电容欠压	返回	2021-03-25 08:15:29 Mar	702	-	0	-	0		0	0
37	开出反馈	动作	2021-03-25 08:15:29 Mar	681	-	0	-	0		0	0
38	保护跳闸	动作	2021-03-25 08:15:29 Mar	679	U_A/U_B 0.94/1.11	U_C/U_0 1.83/0.14	I_A/I_B 1.39/1.39	I_C/I_0 0/0
39	事故总（故障指示）	动作	2021-03-25 08:15:29 Mar	679	U_A/U_B 0.94/1.11	U_C/U_0 1.83/0.14	I_A/I_B 1.39/1.39	I_C/I_0 0/0
40	过电流告警总	动作	2021-03-25 08:15:29 Mar	679	U_A/U_B 0.94/1.11	U_C/U_0 1.83/0.14	I_A/I_B 1.39/1.39	I_C/I_0 0/0
41	I_b过电流告警	动作	2021-03-25 08:15:29 Mar	679	U_A/U_B 0.94/1.11	U_C/U_0 1.83/0.14	I_A/I_B 1.39/1.39	I_C/I_0 0/0
42	I_a过电流告警	动作	2021-03-25 08:15:29 Mar	679	U_A/U_B 0.94/1.11	U_C/U_0 1.83/0.14	I_A/I_B 1.39/1.39	I_C/I_0 0/0
43	过电流Ⅰ段保护	动作	2021-03-25 08:15:29 Mar	679	U_A/U_B 0.94/1.11	U_C/U_0 1.83/0.14	I_A/I_B 1.39/1.39	I_C/I_0 0/0
44	过电流Ⅰ段告警	动作	2021-03-25 08:15:29 Mar	679	U_A/U_B 0.94/1.11	U_C/U_0 1.83/0.14	I_A/I_B 1.39/1.39	I_C/I_0 0/0
45	过电流Ⅰ段告警/b	动作	2021-03-25 08:15:29 Mar	679	U_A/U_B 0.94/1.11	U_C/U_0 1.83/0.14	I_A/I_B 1.39/1.39	I_C/I_0 0/0
46	过电流Ⅰ段告警/a	动作	2021-03-25 08:15:29 Mar	679	U_A/U_B 0.94/1.11	U_C/U_0 1.83/0.14	I_A/I_B 1.39/1.39	I_C/I_0 0/0

图 6-36　门 K7057 磁控断路器 SOE

① 2021-03-25 08：15：29-672，报过电流告警，控制器检测故障电流 I_A 和 I_B 为 732A（大于 480A 的设定值）。

② 2021-03-25 08：15：29-679 报过电流Ⅰ段保护动作，同时报事故总信号，故障电流 I_A 和 I_B 为 834A（大于 480A 的设定值）。

③ 2021-03-25 08：15：29-749，报断路器分位。

2）保护动作分析：通过 SOE 及实际故障情况分析，门 K7057 磁控断路器速断保护动作为正确动作（由于 100ms 级差，门 K7003 磁控断路器正常不动作）。

（2）某路 60/110/13 号杆门 K70017 柱上断路器信息见表 6-8。

表 6-8　　60/110/13 号杆门 K70017 柱上断路器信息

控制器型号	控制器编号	保护定值				备注
		过电流Ⅰ段	过电流Ⅱ段	零序Ⅰ段	小电流告警	
FDR-115/FBT-B116	2008086589	180A/0s	120A/0.2s	2A/10s	15V/10s	正向安装

1）读取控制器历史记录（SOE 见图 6-37），记录如下：

① 2021-3-25 08：15：27 580ms，报过电流告警。

② 2021-3-25 08：15：27 595ms，报相间速断保护动作，同时报事故总信号，故障电流 I_C 和 I_B 为 824A（大于保护定值 180A）。

③ 2021-3-25 08：15：27 633ms，报断路器分位。

639	智能配电终端	一体化测控终端	过电流告警启动	动作	自发（突发）	2021/3/25 8:15:27	580	已校时	-	0	-	0	-	0	-	0
640	智能配电终端	一体化测控终端	相间速断告警	动作	自发（突发）	2021/3/25 8:15:27	595	已校时	U_A/U_B	201.01/0	U_C/U_0	16.35/...	I_A/I_B	0.01/6.87	I_C/I_0	6.96/0.03
641	智能配电终端	一体化测控终端	I_b 速断告警	动作	自发（突发）	2021/3/25 8:15:27	595	已校时	-	0	-	0	-	0	-	0
642	智能配电终端	一体化测控终端	I_c 速断告警	动作	自发（突发）	2021/3/25 8:15:27	595	已校时	-	0	-	0	-	0	-	0
643	智能配电终端	一体化测控终端	相间速断保护动作	动作	自发（突发）	2021/3/25 8:15:27	595	已校时	-	0	-	0	-	0	-	0
644	智能配电终端	一体化测控终端	相间故障总	动作	自发（突发）	2021/3/25 8:15:27	595	已校时	-	0	-	0	-	0	-	0
645	智能配电终端	一体化测控终端	保护动作	动作	自发（突发）	2021/3/25 8:15:27	595	已校时	-	0	-	0	-	0	-	0
640	智能配电终端	一体化测控终端	总故障	动作	自发（突发）	2021/3/25 8:15:27	595	已校时	-	0	-	0	-	0	-	0

2347	智能配电终端	一体化测控终端	分闸动作反馈	336	合	101	2021/3/25 8:15:27	600	已校时
2348	智能配电终端	一体化测控终端	保护合位遥信	336	开	101	2021/3/25 8:15:27	633	已校时
2349	智能配电终端	一体化测控终端	开关合位	336	开	101	2021/3/25 8:15:27	633	已校时
2350	智能配电终端	一体化测控终端	开关分位	336	合	101	2021/3/25 8:15:27	635	已校时
2351	智能配电终端	一体化测控终端	分闸动作反馈	336	开	101	2021/3/25 8:15:27	797	已校时
2352	智能配电终端	一体化测控终端	开关双位置遥信	336	开	101	2021/3/25 8:15:27	633	已校时
2353	智能配电终端	一体化测控终端	输入失电	336	合	101	2021/3/25 8:15:27	894	已校时
2354	智能配电终端	一体化测控终端	输入失电	336	开	101	2021/3/25 9:29:48	299	已校时

图 6-37　门 K70017 柱上断路器 SOE

2）保护动作分析：通过 SOE 及实际故障情况分析，门 K70017 柱上断路器速断保护动作为正确动作。

6.7.3 案件总结

（1）两台磁控断路器（门 K7057 与门 K7003）速断延时分别为 0s 和 0.1s，时间级差为 0.1s，准确实现了故障就近切除，没有出现越级现象，按设定的逻辑完整、快速地进行处理，证明磁控开关在 100ms 的级差情况下从理论到实际应用具备可实施性，具备推广条件。

（2）门 K7057 磁控断路器与线路原有门 K70017 弹操断路器均正确保护动作，两台断路器速断延时时间都为 0s。

参 考 文 献

[1] 刘健，张志华，张小庆. 配电网故障处理若干问题探讨 [J]. 电力系统保护与控制，2017，45（20）：1-6.

[2] 刘健，张小庆，张志华，等. 提升小电流接地系统单相接地故障处理能力 [J]. 供用电，2021，38（10）：52-56.

[3] 陈凯红. 浅谈消弧线圈并联小电阻智能多模接地系统的运用 [J]. 中国新技术新产品，2017（9）：25-26.

[4] 李甜甜. 20kV 配电网中性点接地方式与继电保护改造的研究 [D]. 北京交通大学，2010.

[5] O Ichinokura，T. Jinzenji，K. Tajima. A new variable inductor for VAR compensation [J]. IEEE Transactions on Magnetics，vol. 29，no. 6，pp. 3225-3227，Nov. 1993.

[6] O. Ichinokura，T. Kagami，T. Jinzenji，et al. High speed variable-inductor controlled with DC-DC converter [J]. IEEE Transactions on Magnetics，vol. 31，no. 6，pp. 4247-4249，Nov. 1995.

[7] 魏晓霞，纪延超，谭光慧，等. 正交消弧线圈的分析以及在动态接地故障补偿系统中的应用 [J]. 电子器件，2007，30（2）：557-562.

[8] Xu Yuqin，Chen Zhiye，Lu Fangcheng. The TSC method for automatic tuning of arc suppression coil [C] // Proc. of int. Conf. On Electrical Engineering，2001，pp. 998-1001.

[9] Xu Yuqin，Chen Zhiye. The method for automatic compensation and detection of earth faults in distribution network [C] // Proceedings. International Conference on Power System Technology，2002，pp. 1753-1757.

[10] 张战永，王建领，康怡，等. 调容式消弧线圈自动补偿系统的实现 [J]. 继电器，2005，33（16）：90-92＋95.

[11] 赵牧函，纪延超. 消弧线圈自动调谐原理的研究 [J]. 电力系统及其自动化学报，2002，14（4）：50-54.

[12] Seppo Hnninen，M Lehtonen，U Pulkkinen. Method for detection and location of very high resistive earth faults [J]. European Transactions on Electrical Power，1999，9：285-291.

[13] 魏世友. 电网中性点经消弧线圈接地系统动态补偿方式的比较 [J]. 港工技术，2005（2）：14-16.

[14] 李政洋，李景禄. 配电网自适应接地选线方法与装置 [P]. 湖南：CN103823160A，

2014-05-28.

[15] 李政洋，李景禄．配电网单相接地故障性质的快速诊断方法与处理装置［P］．湖南：CN103837798A，2014-06-04.

[16] 李景禄，周羽生．关于配电网中性点接地方式的探讨［J］．电力自动化设备，2004，24（8）：85-86＋94.

[17] 李景禄，曾祥君，杨廷方，等．配电网接地选线方式的研究与探讨［J］．高电压技术，2004，30（2）：22-23.

[18] 雷潇，廖文龙，刘强，等．10kV小电阻接地系统的接触电压安全性研究［J］．电瓷避雷器，2017，277（3）：77-81＋85.

[19] 李景禄．现代防雷技术［M］．北京：中国水利水电出版社，2009.

[20] 李景禄．配电网防雷技术［M］．北京：中国科学出版社，2014.

[21] 李景禄．实用配电网技术［M］．北京：中国水利水电出版社，2006.

[22] 李景禄．DTJ系列配电网中性点智能动态接地成套装置开发研制［Z］．湖南省，长沙信长电力科技有限公司，2015-07-12.

[23] 吴建梅．新型小电流接地选线装置的研制［D］．燕山大学，2014.

[24] 马烨，黄建峰，郭洁，等．500kV架空地线不同接地方式下地线感应电量影响因素研究［J］．电瓷避雷器，2015，266（4）：137-142.

[25] 曾祥君，王媛媛，李健，等．基于配电网柔性接地控制的故障消弧与馈线保护新原理［J］．中国电机工程学报，2012，32（16）：137-143.

[26] 贾晨曦，杨龙月，杜贵府．全电流补偿消弧线圈关键技术综述［J］．电力系统保护与控制，2015，43（9）：145-154.

[27] 程路，陈乔夫，张宇，等．基于变压器可控负载原理的新型消弧线圈［J］．电力系统自动化，2006，30（21）：77-81.

[28] 唐轶，陈奎，陈庆，等．单相接地故障全电流补偿的研究［J］．中国矿业大学学报，2003，32（5）：92-96.

[29] 曲轶龙，董一脉，谭伟璞，等．基于单相有源滤波技术的新型消弧线圈的研究［J］．继电器，2007，35（3）：29-33.

[30] 吴茜，蔡旭，徐波．具有两级磁阀的消弧线圈关键参数设计［J］．电工技术学报，2011，26（10）：224-230.

[31] 陈柏超，王朋，沈伟伟，等．电磁混合式消弧线圈的全补偿故障消弧原理及其柔性控制策略［J］．电工技术学报，2015，30（10）：311-318.

[32] 胡文广．中低压配电网新型中性点接地方式研究［D］．华东交通大学，2019.

[33] 桑振华．新型柔性接地补偿选线装置的研究［D］．中国矿业大学，2014.

[34] 李哲．配电网小电流接地系统故障定位技术的仿真研究［D］．厦门理工学院，2017.

[35] 周江华，万山明，闫文博，等．配电网柔性接地暂态过程分析与优化方法研究［J］.

高电压技术，2019，45（10）：3149-3156.

[36] 刘小江，廖文龙，范松海，等. 基于柔性接地的配网故障选线及类型判别［J］. 电力与能源，2018，39（2）：194-197.

[37] 蔡博. 小电流接地系统故障区段定位的研究［D］. 华北电力大学（北京），2018.

[38] 曾祥君，于永源，尹项根，等. 基于注入信号法的消弧线圈自动调谐新技术［J］. 电力系统自动化，2000，124（9）：38-41.

[39] 曾祥君，尹项根，于永源，等. 基于注入变频信号法的经消弧线圈接地系统控制与保护新方法［J］. 中国电机工程学报，2000，20（1）：30-33＋37.

[40] 曾祥君，夏云峰，王媛媛，等. 基于三次谐波电流的并列运行发电机定子单相接地保护［J］. 电力科学与技术学报，2007，22（1）：20-24.

[41] 李吉旭. 小电流接地故障选线方法与定位关键技术研究［D］. 东北大学，2011.

[42] 蔡维. 小波及信号注入法定位小电流接地系统单相接地故障［D］. 西南交通大学，2005.

[43] 林晓敏. 基于相电流故障分量的小电流接地系统故障选线新原理［D］. 华北电力大学（北京），2006.

[44] 陈亚凯. 小电流接地系统故障定位技术研究［D］. 华北电力大学，2015.

[45] 张凡. 小电流接地系统单相接地故障综合选线研究［D］. 山东大学，2008.

[46] 邹浩斌，胡少强，刘利平，等. 基于小扰动原理的单相接地选线装置［J］. 继电器，2007，35（2）：20-24.

[47] 程路，陈乔夫. 小电流接地系统单相接地选线技术综述［J］. 电网技术，2009，33（18）：219-224.

[48] 陈宏山，石勇，史泽兵，等. 小电流接地系统接地故障选线方法［J］. 电网与清洁能源，2020，36（5）：42-48＋57.

[49] 窦新宇，李春明. 小电流接地系统行波测距方法研究［J］. 电力科学与工程，2010，26（2）：51-55.

[50] Xia yang, Myeon-Song Choi，Seung-Jae Lee，et al. Ungrounded system fault section detection method by comparison of phase angle of zero-sequence current［J］. Journal of Electrical Engineering & Technology，2008，3（4）：484-490.

[51] 李娟. 小电流接地故障暂态等值电路研究［D］. 山东理工大学，2012.

[52] 张颖. 基于注入有功电流的配电网单相接地选线研究［D］. 济南大学，2012.

[53] 李广，张学凯，李琦，等. 小电流接地系统选线与区段定位原理综述［J］. 山东电力技术，2014，41（4）：43-48.

[54] 黄永荣. 变压器接地引下线断裂造成触电死亡事故［J］. 电世界，1995，36（6）：34.

[55] 刘丙江. 实用接地技术［M］. 北京：中国电力出版社，2012.

[56] 李永健，韩光华. 变压器中性点不接地的事故危险分析［J］. 江西煤炭科技，

2010（2）：11-12.

［57］孙金伯.变电站接地装置不合格导致雷击事故［J］.电世界，2010，51（4）：40-41.

［58］徐涛，李媛.35kV电阻接地系统接地故障分析与保护措施［J］.供用电，2009，26（1）：42-44.

［59］李安.低压插接母线安装错误造成事故［J］.电力安全技术，2006，8（8）：52-53.

［60］孙玉萍.变压器低压侧短路故障的成因分析与处理技术措施［J］.中国科技纵横，2011，13：328-329.